中国剑虻科、窗虻科和小头虻科志

◎杨 定 刘思培 董慧 著

中国农业科学技术出版社

图书在版编目（CIP）数据

中国剑虻科、窗虻科和小头虻科志／杨定，刘思培，董慧著. —北京：中国农业科学技术出版社，2016.6
ISBN 978-7-5116-2652-3

Ⅰ.①中… Ⅱ.①杨…②刘…③董… Ⅲ.①虻科-昆虫志-中国 Ⅳ.①Q696.44

中国版本图书馆 CIP 数据核字（2016）第 154296 号

责任编辑　姚　欢
责任校对　李向荣

出 版 者　中国农业科学技术出版社
　　　　　北京市中关村南大街 12 号　邮编：100081
电　　话　（010）82106636（编辑室）　（010）82109702（发行部）
　　　　　（010）82109709（读者服务部）
传　　真　（010）82106625
网　　址　http://www.castp.cn
经 销 者　各地新华书店
印 刷 者　北京科信印刷有限公司
开　　本　787mm×1 092mm　1/16
印　　张　10.25　彩插　3.25
字　　数　240 千字
版　　次　2016 年 6 月第 1 版　2016 年 6 月第 1 次印刷
定　　价　50.00 元

Therevidae, Scenopidae and Acroceridae from China

Yang Ding   Liu Sipei   Dong Hui

China Agricultural Science and Technology Press

内容简介

　　剑虻科、窗虻科和小头虻科隶属于双翅目短角亚目食虫虻总科，是虻类昆虫中比较高等的类群。剑虻科和窗虻科幼虫为捕食性，在害虫生物防治上有利用前景；而小头虻科幼虫寄生蜘蛛。

　　本书分为总论和各论两大部分。总论部分包括研究概况、形态特征、生物学及经济意义等内容。各论部分系统记述我国剑虻科、窗虻科和小头虻科共计23属79种（包括23新种），其中剑虻科14属46种（包括10新种），窗虻科1属11种（包括7新种），小虻科8属22种（包括6新种）；编制属和种检索表，提供特征图，书末附参考文献、英文摘要及中名、学名索引。本志可供从事昆虫学教学和研究、植物保护、森林保护以及生物防治工作者参考。

前　　言

　　剑虻科 Therevidae、窗虻科 Scenopidae 和小头虻科 Acroceridae 隶属于双翅目 Diptera 短角亚目 Brachycera 食虫虻总科 Asiloidea，是虻类昆虫中比较高等的类群。剑虻科全世界已知 130 余属 1 000 余种，而窗虻科和小头虻科种类稀少，窗虻科全世界已知 24 属 350 余种，小头虻科全世界已知 51 属 400 余种。剑虻科和窗虻科幼虫为捕食性，在害虫生物防治上有利用前景；而小头虻科幼虫寄生蜘蛛。

　　本书在前人研究工作的基础上，对我国剑虻科、窗虻科和小头虻科昆虫的区系分类进行了系统性的总结，分为总论和各论两大部分。总论部分包括研究概况、形态特征、生物学及经济意义等内容。各论部分系统记述我国剑虻科、窗虻科和小头虻科共计 23 属 79 种（包括 23 新种），其中剑虻科 14 属 46 种（包括 10 新种），窗虻科 1 属 11 种（包括 7 新种），小虻科 8 属 22 种（包括 6 新种）；编制属和种检索表，提供特征图，书末附参考文献、英文摘要及中名、学名索引。

　　本志编写所用标本主要来源于中国农业大学昆虫博物馆多年采集收藏的标本，以及国内兄弟单位送来鉴定或我们借阅的一些标本。对少数缺标本的种，根据前人的描述和图进行整理。在研究过程中，日本的永富昭教授、俄罗斯的 E. P. Narchuk 教授和 A. Przhiboro 博士、美国的 D. W. Webb 博士等提供及惠赠宝贵文献资料；俄罗斯的 V. Richter 女士，丹麦的 T. Pape 教授、美国的 F. Thompson 博士、日本的三枝丰平教授、德国的 J. Ziegler 教授等拍摄部分模式标本并提供照片。在野外考察过程中，河南省农业科学院申效诚研究员、浙江林学院吴鸿教授和王义平教授、云南农业大学李强教授、华南农业大学许再福教授、南京师范大学蒋国芳教授、广西师范大学周善义教授、湖南省林业厅徐永新研究员、国家林业局森林病虫害防治总站盛茂领教授、河北大学任国栋教授、东北林业大学的韩辉林教授、长江大学李传仁教授等提供大力支持和帮助。

在标本借阅过程中，得到中国科学院动物研究所标本馆姚建先生、中国科学院上海昆虫博物馆刘宪伟研究员、南开大学郑乐怡教授等大力支持和帮助。浙江农林大学吴鸿教授、华南农业大学许再福教授、国家林业局森林病虫害防治总站盛茂领教授等曾赠送标本。在本书的编写过程中，还得到中国科学院动物研究所张莉莉副研究员和张魁艳博士、中国科学院上海昆虫博物馆朱卫兵博士、中国农业大学昆虫分类实验室研究生康泽辉、闫妍、周青霞、李晓丽等协助；张巍巍、李元胜、姚刚和张晨亮先生等拍摄并提供了生态照片。

作者对上述国内外同行的支持和帮助在此一并表示衷心的感谢。本研究得到科学技术部科技基础性工作专项重点项目（2012FY111100）的资助。

本书所涉及的内容范围广泛，由于作者的水平有限，书中可能存在缺点和不足之处，敬请读者给予批评指正。

杨　定

2016 年 4 月 30 日于北京

目　　录

总　　论

一、研究概况 ……………………………………………………（3）

　（一）世界研究概况 ……………………………………………（3）

　（二）中国研究概况 ……………………………………………（4）

二、材料与方法 …………………………………………………（5）

　（一）材料 ………………………………………………………（5）

　（二）方法 ………………………………………………………（5）

三、形态特征 ……………………………………………………（8）

　（一）成虫 ………………………………………………………（8）

　（二）幼期 ………………………………………………………（12）

四、生物学及经济意义 …………………………………………（16）

各　　论

一、剑虻科 Therevidae ………………………………………（21）

　（一）花彩剑虻亚科 Phycinae ………………………………（21）

　　1. 厚胫剑虻属 *Actorthia* Kröber, 1912 ………………（22）

　　　（1）科氏厚胫剑虻 *Actorthia kozlovi* Zaitzev, 1974 ………（22）

　　　（2）平滑厚胫剑虻 *Actorthia plana* Liu, Wang *et* Yang, 2013 ……（24）

　　2. 花彩剑虻属 *Phycus* Walker, 1850 ………………（26）

　　　（3）三足花彩剑虻 *Phycus atripes* Brunetti, 1920 ………（26）

　　　（4）克氏花彩剑虻 *Phycus kerteszi* Kröber, 1912 ………（27）

　　　（5）黑色花彩剑虻，新种 *Phycus niger* sp. nov. ………（27）

　　3. 塞伦剑虻属 *Salentia* Costa, 1857（中国新纪录属）………（28）

　　　（6）岭南塞伦剑虻，新种 *Salentia meridionalis* sp. nov. ………（28）

　（二）剑虻亚科 Therevinae ……………………………………（30）

　　4. 裸颜剑虻属 *Acrosathe* Irwin *et* Lyneborg, 1981 ………（31）

　　　（7）环裸颜剑虻 *Acrosathe annulata*（Fabricius, 1805）………（32）

1

（8）银裸颜剑虻 *Acrosathe argentea*（Kröber, 1912）·················（34）

（9）过时裸颜剑虻 *Acrosathe obsoleta* Lyneborg, 1986 ·················（35）

（10）白毛裸颜剑虻 *Acrosathe pallipilosa* Yang, Zhang *et* An, 2003 ·········（36）

（11）独毛裸颜剑虻 *Acrosathe singularis* Yang, 2002 ·················（38）

5. 沙剑虻属 *Ammothereva* Lyneborg, 1984 ·····················（39）

（12）短沙剑虻 *Ammothereva brevis* Liu, Gaimari *et* Yang, 2012 ·········（39）

（13）黄足沙剑虻 *Ammothereva flavifemorata* Liu, Gaimari *et* Yang, 2012 ·······（42）

（14）裸额沙剑虻 *Ammothereva nuda* Liu, Gaimari *et* Yang, 2012 ·········（44）

6. 突颊剑虻属 *Bugulaverpa* Gaimari *et* Irwin, 2000 ···············（46）

（15）海南突颊剑虻 *Bugulaverpa hainanensis* Liu, Li *et* Yang, 2012 ·······（46）

7. 窄颜剑虻属 *Cliorismia* Enderlein, 1927 ·····················（48）

（16）中华窄颜剑虻 *Cliorismia sinensis*（Ôuchi, 1943）, comb. nov. ·······（48）

（17）周氏窄颜剑虻，新种 *Cliorismia zhoui* sp. nov. ···············（51）

8. 粗柄剑虻属 *Dialineura* Rondani, 1856 ·····················（52）

（18）缘粗柄剑虻 *Dialineura affinis* Lyneborg, 1968 ···············（53）

（19）镀金粗柄剑虻 *Dialineura aurata* Zaitzev, 1971 ···············（55）

（20）长粗柄剑虻 *Dialineura elongata* Liu *et* Yang, 2012 ···········（55）

（21）高氏粗柄剑虻 *Dialineura gorodkovi* Zaitzev, 1971 ············（58）

（22）河南粗柄剑虻 *Dialineura henanensis* Yang, 1999 ·············（60）

（23）溪口粗柄剑虻 *Dialineura kikowensis* Ôuchi, 1943 ············（63）

（24）黑股粗柄剑虻 *Dialineura nigrofemorata* Kröber, 1937 ··········（64）

9. 长角剑虻属 *Euphycus* Kröber, 1912 ·······················（66）

（25）贝氏长角剑虻 *Euphycus beybienkoi* Zaitzev, 1979 ············（66）

（26）薄氏长角剑虻 *Euphycus bocki* Kröber, 1912 ···············（68）

10. 斑翅剑虻属 *Hoplosathe* Lyneborg *et* Zaitzev, 1980 ·············（70）

（27）科氏斑翅剑虻 *Hoplosathe kozlovi* Lyneborg *et* Zaitzev, 1980 ·······（71）

（28）盛氏斑翅剑虻 *Hoplosathe shengi* Liu *et* Yang, 2012 ···········（73）

（29）吐鲁番斑翅剑虻 *Hoplosathe turpanensis* Liu *et* Yang, 2012 ·······（75）

11. 欧文剑虻属 *Irwiniella* Lyneborg, 1976 ·····················（76）

（30）中带欧文剑虻 *Irwiniella centralis*（Yang, 2002）, comb. nov. ······（77）

（31）长毛欧文剑虻 *Irwiniella longipilosa*（Yang, 2002）, comb. nov. ·····（79）

（32）宽额欧文剑虻 *Irwiniella kroeberi* Metz, 2003 ···············（80）

（33）幽暗欧文剑虻 *Irwiniella obscura*（Kröber, 1912）············（81）

（34）多鬃欧文剑虻 *Irwiniella polychaeta*（Yang, 2002）, comb. nov. ·····（81）

（35）邵氏欧文剑虻 *Irwiniella sauteri*（Kröber, 1912）············（83）

（36）小龙门欧文剑虻 *Irwiniella xiaolongmenensis* sp. nov. ··········（84）

12. 亮丽剑虻属 *Psilocephala* Zetterstedt, 1838 ··················（86）

（37）勐龙亮丽剑虻，新种 *Psilocephala menglongensis* sp. nov. ·······（86）

（38）突亮丽剑虻，新种 *Psilocephala protuberans* sp. nov. ……………………… （87）

（39）乌苏亮丽剑虻，新种 *Psilocephala wusuensis* sp. nov. …………………… （88）

13. 环剑虻属 *Procyclotelus* Nagatomi et Lyneborg, 1987 …………………………… （89）

（40）中华环剑虻 *Procyclotelus sinensis* Yang, Zhang et An, 2003 …………… （89）

14. 剑虻属 *Thereva* Latreille, 1796 ……………………………………………………… （90）

（41）橘色剑虻 *Thereva aurantiaca* Becker, 1912　………………………………… （91）

（43）满洲里剑虻 *Thereva manchoulensis* Ôuchi, 1943 ………………………… （94）

（44）多鬃剑虻，新种 *Thereva polychaeta* sp. nov. ……………………………… （94）

（45）明亮剑虻，新种 *Thereva splendida* sp. nov. ………………………………… （96）

（46）绥芬剑虻 *Thereva suifenensis* Ôuchi, 1943 ……………………………… （98）

二、窗虻科 Scenopinidae ………………………………………………………………………… （99）

　　窗虻属 *Scenopinus* Latreille, 1802 ………………………………………………… （99）

（1）小窗虻 *Scenopinus microgaster* (Seguy, 1948) ……………………………… （101）

（2）中华窗虻 *Scenopinus sinensis* (Kröber, 1928) ……………………………… （102）

（3）双叶窗虻，新种 *Scenopinus bilobatus* sp. nov. ……………………………… （104）

（4）宽窗虻，新种 *Scenopinus latus* sp. nov. ……………………………………… （105）

（5）关岭窗虻 *Scenopinus papuanus* (Krober, 1912) ………………………… （106）

（6）细长窗虻，新种 *Scenopinus tenuibus* sp. nov. ……………………………… （107）

（7）西藏窗虻，新种 *Scenopinus tibetensis* sp. nov. …………………………… （108）

（8）梯形窗虻，新种 *Scenopinus trapeziformis* sp. nov. ………………………… （109）

（9）张掖窗虻，新种 *Scenopinus zhangyensis* sp. nov. …………………………… （110）

（10）光泽窗虻 *Scenopinus nitidulus* Loew, 1873（中国新纪录种）…………… （111）

（11）北京窗虻，新种 *Scenopinus beijingensis* sp. nov. ………………………… （112）

三、小头虻科 Acroceridae ………………………………………………………………………… （115）

（一）驼小头虻亚科 Philopatinae ……………………………………………………… （115）

　　1. 寡小头虻属 *Oligoneura* Bigot, 1878 ……………………………………… （115）

（1）安尼寡小头虻 *Oligoneura aenea* Bigot, 1878 ……………………………… （116）

（2）墙寡小头虻 *Oligoneura murina* (Loew, 1844) ……………………………… （116）

（3）黑蒲寡小头虻 *Oligoneura nigroaenea* (Motschulsky, 1866) ……………… （118）

（4）于潜寡小头虻 *Oligoneura yutsiensis* (Ôuchi, 1938) ……………………… （119）

（5）高砂寡小头虻 *Oligoneura takasagoensis* (Ôuchi, 1942) ………………… （119）

（二）小头虻亚科 Acrocerinae ………………………………………………………… （120）

　　2. 小头虻属 *Acrocera* Meigen, 1803 ………………………………………… （120）

（6）康巴小头虻 *Acrocera khamensis* Pleske, 1930 …………………………… （121）

（7）缆车小头虻 *Acrocera orbicula* (Fabricius, 1787) ………………………… （121）

（8）北塔小头虻 *Acrocera paitana* (Seguy, 1956) ……………………………… （122）

（9）小型小头虻，新种 *Acrocera parva* sp. nov. ………………………………… （122）

（10）污小头虻 *Acrocera sordida* Pleske, 1930 ………………………………… （123）

（11）细突小头虻，新种 *Acrocera tenuistylus* sp. nov. ·································（123）

（12）雾灵山小头虻，新种 *Acrocera wulingensis* sp. nov. ·························（124）

3. 脊小头虻属 *Cyrtus* Latreille, 1796（中国新纪录属）·················（125）

（13）茶色脊小头虻，新种 *Cyrtus brunneus* sp. nov. ·····························（126）

4. 肥腹小头虻属 *Hadrogaster* Schlinger, 1972 ························（126）

（14）丽肥腹小头虻 *Hadrogaster formosanus* (Shiraki, 1932) ·············（127）

5. 日小头虻属 *Nipponcyrtus* Schlinger, 1972 ····················（128）

（15）台湾日小头虻 *Nipponcyrtus taiwanensis* (Ôuchi, 1938) ···········（128）

6. 澳小头虻属 *Ogcodes* Latreille, 1796 ·····················（129）

（16）宽茎澳小头虻，新种 *Ogcodes lataphallus* sp. nov. ···················（129）

（17）日澳小头虻 *Ogcodes obusensis* Ôuchi, 1942 ·······················（130）

（18）江苏澳小头虻 *Ogcodes respectus* (Seguy, 1935) ···················（132）

（19）台湾澳小头虻 *Ogcodes taiwanensis* Schlinger, 1972 ···············（132）

（20）三突澳小头虻，新种 *Ogcodes triprocessus* sp. nov. ·················（133）

7. 准小头虻属 *Paracyrtus* Schlinger, 1972 ····················（135）

（21）白缘准小头虻 *Paracyrtus albofimbriatus* (Hildebrandt, 1930) ········（135）

（三）帕小头虻亚科 Panopinae ·····························（136）

8. 普小头虻属 *Pterodontia* Gray, 1832 ····················（136）

（22）瓦普小头虻 *Pterodontia waxelli* (Klug, 1807) ·····················（136）

参考文献···（137）

英文摘要···（144）

中名索引···（149）

学名索引···（152）

图版··（155）

总　　论

一、研究概况

（一）世界研究概况

1. 剑虻科

瑞典博物学家 Lineé 早在 18 世纪就有关于剑虻种类的报道，后来欧洲和北美的学者陆续报道一些剑虻种类。美国 Coquillett 1894 年发表了第一篇关于剑虻科分类修订的文章，丰富了剑虻科的内涵。德国 Kröber 研究范围涉猎广泛，发表了一系列有关对世界各大动物区系剑虻分类的文章，其中比较有影响的是 1913 年发表的《世界剑虻科属志》，1925 年发表的《古北区剑虻科》，成为世界剑虻科的权威。1923 年，美国 Cole 出版了有关北美剑虻科的专著，对该地区剑虻科分类进行了系统的总结；1965 年完成北美剑虻科名录。

丹麦 Lyneborg 从 20 世纪 60 年代开始一直研究欧洲、亚洲和非洲的剑虻科区系，分别于 1975 年、1980 年和 1989 年完成了东洋区、非洲热带区和古北区剑虻科名录，对世界剑虻科分类做出较大贡献。美国 Irwin 和 Webb 主要研究美洲的区系。Irwin 与 Lyneborg 合作 1981 年出版专著《新北区剑虻科属》，1989 年完成澳洲区剑虻科名录。俄罗斯 Zaitzev 从 20 世纪 70 年代开始，一直研究古北区剑虻科。之后，日本 Nagatomi 与 Lynoborg（1987—1989 年）合作研究日本的剑虻科分类。澳大利亚 Winterton 从 2000 年开始一直研究澳大利亚的剑虻，发表系列研究文章。

2. 窗虻科

德国 Kröber 1913 年发表第一篇窗虻科分类修订文章，后来，美国 Hardy 1944 年发表北美窗虻科分类综述文章，俄罗斯 Paramonov 于 1955 年发表澳洲窗虻科分类综述文章。美国 Kelsey 1969 年出版《世界窗虻科厘定》专著，对于世界窗虻科共计 16 属 214 种进行了详细的描述和绘图，成为当时乃至现在窗虻科研究的必备工具书。随后 20 来年，Kelsey 继续对全世界范围内的窗虻科进行新种的探究，不断对各区域内的种类进行整理。俄罗斯 Krivosheina（1980—）研究古北区系，在 1997 年出版的《古北区双翅目手册》中她撰写了窗虻科部分，对窗虻科幼虫的生物学及行为学做了较详细的描述。澳大利亚 Yeats 1992 年将窗虻科分为 3 个亚科，即泥窗虻亚科 Caenotinae、原窗虻亚科 Proratinae 和窗虻亚科 Scenopininae。泥窗虻亚科 Caenotinae 仅包含泥窗虻属 *Caenotus*，原窗虻亚科 Proratinae 包含首窗虻属 *Prorates*、艾洛窗虻属 *Alloxytropus* 和全泥窗虻属 *Caenotoides*。日本 Nagatomide 等 1994 年检视美洲的窗虻标本，将原窗虻亚科 Proratinae

扩充至 5 个属，增加了异泥窗虻属 *Acaenotus* 和杰克窗虻属 *Jackhallia* 2 个属。

3. 小头虻科

美国 Cole 1919 年出版北美小头虻科专著。俄罗斯 Paramonov（1955，1957）研究了新西兰和澳大利亚的小头虻。美国 Schlinger（1951 年起）研究范围涉猎广泛，发表系列有关对世界各大动物区系小头虻分类的文章，分别于 1975 年和 1980 年完成东洋区和非洲热带区名录，对世界小头虻科分类做出较大贡献。俄罗斯 Nartshuk（1975 年起）研究俄罗斯和蒙古的小头虻科，于 1988 年完成古北区名录。Barraclough（1984 年起）研究非洲小头虻科分类，发表系列文章。

（二）中国研究概况

我国剑虻科已知 11 属 36 种，早期主要由 Kröber（1912）、Ôuchi（1943）、Lyneborg（1968，1986）、Zaitzev（1971，1974，1979）等零星研究报道，其中值得一提的是 Ôuchi（1943）研究的工作，报道了我国粗柄剑虻属 *Dialineura*、剑虻属 *Thereva* 和长角剑虻属 *Euphycus* 等属的新种。从 1999 年以来，我们开展一些我国剑虻科分类研究工作，陆续发表过粗柄剑虻属 *Dialineura*、裸颜剑虻属 *Acrosathe* 及环剑虻属 *Procyclotelus* 的一些新种，见 Yang（1999，2002）、Yang, Zhang & An（2003）。近几年来，Liu, Gaimari & Yang（2012）、Liu & Yang（2012）和 Liu, Wang & Yang（2013）等完成了一些属的分类修订。

我国窗虻科缺乏研究，仅已知 1 属 3 种。Krober（1912，1928）分别报道我国台湾和广东各 1 种，Seguy（1948）报道我国南方 1 种。

我国小头虻科已知 7 属 16 种，主要由 Pleske（1930）、Hildebrandt（1930）、Shiraki（1932）、Ôuchi（1938，1942）、Seguy（1935，1956）和 Schlinger（1972）等零星研究报道。

二、材料与方法

（一）材料

　　所用研究标本主要来自中国农业大学昆虫博物馆馆藏标本，主要包括杨集昆先生和李法圣先生在全国各地采集的标本，实验室成员近年来在全国各地采集的标本以及中国农业大学昆虫分类组其他实验室成员在全国各地采集的标本。另有部分标本来自中国科学院动物研究所标本馆、南开大学、中国科学院上海昆虫博物馆、中国科学院新疆生态与地理研究所和俄罗斯科学院动物研究所。研究标本收藏单位缩写如下：

CAU　　　　Entomological Museum, China Agricultural University, Beijing, China
　　　　　　［中国农业大学昆虫博物馆，北京］

IZCAS　　　Institute of Zoology, Chinese Academy of Sciences, Beijing, China
　　　　　　［中国科学院动物研究所标本馆，北京］

NKU　　　　Nankai University, Tianjin, China
　　　　　　［南开大学，天津］

NMNH　　　National Museum of Natural History, Smithsonian Institution, Washington DC, USA
　　　　　　［美国自然历史博物馆，华盛顿］

SEMCAS　　Shanghai Entomological Museum, Chinese Academy of Sciences, Shanghai, China
　　　　　　［中国科学院上海昆虫博物馆，上海］

XIEGCAS　　Xinjiang Institute of Ecology and Geography, Chinese Academy of Sciences, Xinjiang, China
　　　　　　［中国科学院新疆生态与地理研究所，乌鲁木齐］

ZRAS　　　　Zoological Institute, Russian Academy of Sciences, St. Petersburg, Russia
　　　　　　［俄罗斯科学院动物研究所，圣彼得堡］

（二）方法

1. 标本采集

　　剑虻科及其近缘科昆虫白天活跃，但夜晚也有上灯的习性，所以主要依靠白天扫网，兼顾夜间灯诱。剑虻科及其近缘科昆虫常出现在较干旱地区通往水源的树林和草地，所以用悬挂马氏网的方法诱捕效果更佳。剑虻幼虫经常隐藏于干燥易碎的介质中，且成虫活动场所较隐秘，因此野外的采集量很少。窗虻科大部分种类出现在半干旱生境中，还有一些种类与木栖昆虫共生。部分窗虻科广布种常见于室内的窗上，有一些成虫可在干旱地区的草丛上扫网捕捉。在现有的采集记录中，除广布种以外的大部分窗虻科昆虫生活在啮齿类动物、白蚁和鸟类巢穴中。小头虻的幼虫均盗寄生在蜘蛛体内。小头虻成虫有些种类为传粉者，可在具有蜜露的有花植物上扫网采集。有些小头虻飞行速度非常快，很难扫网捕捉，可在飞行路线上设置马氏网。

2. 标本观察

剑虻科及其近缘科昆虫大多体型较大，且很多雄性呈接眼式，而雌性呈离眼式，可通过肉眼直接观察区分雌雄并进行初步鉴定。窗虻科昆虫由于体型过小，小头虻科昆虫由于雌性成虫外形差异很小，只能在 OPTEC SMZ-B2 光学体视镜下观察或解剖后进行观察。

3. 标本测量和记述

对每头标本的标签信息做详细记录，详细记述所有种类的外部形态特征，并对标本进行测量。每头标本的测量基于每个性别的 10 头标本。测量值为 10 头标本中的最大和最小值。干制标本由于干燥方法的不同，体长会发生变化，而且不同个体间以及雌雄两性间（通常雌性个体大于雄性个体）也存在差异，因此测量值仅作参考。

4. 标本拍照

使用 Canon 450D 数码照相机采集整体形态特征信息，将拍摄的数码照片传输入计算机，利用 Adobe Photoshop CS3 软件进行图像的清晰度处理，以 TIFF 格式保存。

5. 标本解剖

干制标本需放在回软缸中用开水蒸汽熏 20 min，待充分回软后，剪下雄性或雌性腹部末端（一般为第 6 节之后部分）。将剪下的雄性腹部末端浸泡于乳酸中，根据其大小在 180°C 的温度下加热 5～15 min，然后置于热蒸馏水中涮洗掉乳酸，最后浸泡于甘油中保存。将剪下的雌性腹部末端浸泡于饱和 NaOH 溶液中，于室温下放置 1 天，然后将脱去肌肉和脂肪的雌性生殖器放于饱和氯唑黑溶液中浸泡 5 min 以内，待其完全染色之后，再置于 75% 乙醇中涮洗，使雌性生殖器软组织被带上深蓝色，最后浸泡于甘油中保存。

6. 特征图绘制

在光学解剖镜下，摆好合适角度，用九宫格绘制各种形态和特征图，最后用硫酸纸覆墨。另外，有些标本是在 Zeiss 显微镜下用绘图臂绘制草图，然后用硫酸纸覆墨或扫描后在电脑中用 Adobe Illustrator CS3 和 Adobe Photoshop CS3 完成终稿。

7. 标本保存

　　完成标本解剖，进行绘图，观察无误后，将解剖的标本放入装有甘油的特制微型塑料管中，插在干制标本下方；液浸标本的生殖器，放入装有酒精的小玻管中，并与另外一个装有虫体的小玻管放在稍大的玻管中密封保存。已解剖和用于绘图的标本加有标签标明。本文所有观察标本的保存单位均以单位缩写在采集信息后注明。

三、形态特征

（一）成虫（图1~3，图版1~3）

1. 剑虻科（图1；图版1，3）

体小至中型，粗壮，灰色或黑色，多毛且有粗鬃。头部半球形，前口式或下口式。翅 R_{4+5} 分叉，R_4 弯曲，R_5 终止于翅端之后。

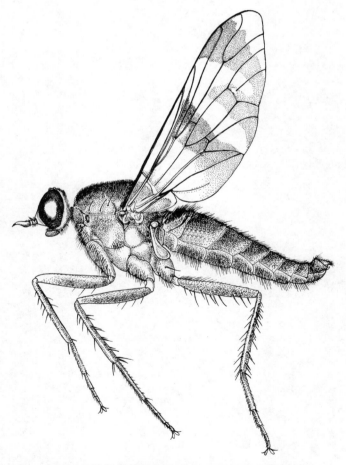

图1　贝氏长角剑虻 *Euphycus beybienkoi* Zaitzev

头部　后头明显，近半球状，下口式或近前口式。复眼通常无毛；雄性复眼多接眼式，雌性离眼式。单眼瘤明显，有3个单眼。雄性额通常小，近三角形，有或无粉被，常无毛；雌性额宽大，近梯形，常被粉和稀疏的毛。额有时在触角水平明显向前拱突。侧颜被灰白粉，多数无毛；颊通常多毛，被粉或棉毛。后头被精细的粉，有浓密的毛；常有眼后鬃，通常稀疏。触角3节；柄节较长，梗节很短，均被毛和鬃，梗节的毛或鬃多排成环状；第1鞭节近锥状，无毛或毛仅限于基部1/3；端刺1节或2节，通常末端有1根小刺位于第1鞭节末端或近末端外侧。喙较下颚须略长；下颚须1~2节，有毛。

　　胸部　中胸背板形状多样，背视从正方形到长方形，通常被稀疏至浓密的粉和毛；小盾片明显，通常被粉或棉毛。侧板被多种毛，上半部通常被浓密的白粉，下半部有时无粉。背侧鬃1~6对，翅上鬃1~2对，翅后鬃1对，背中鬃0~3对，小盾鬃0~4对。

　　足　通常细长，后足比前中足长。前足基节前面有少许鬃。股节无毛或有前腹鬃，背面常被鳞状毛。胫节和跗节具有排成纵列的鬃，前足胫节无前腹鬃。跗节5节，第1跗节最长，有时膨大；爪有2个爪垫，爪间突缺失或刚毛状。

　　翅　翅透明至略带褐色，有时有带状或点状斑；翅脉常带深烟褐色，翅痣通常发达。翅面被稀少至浓密的微毛。脉序大体一致；R_1脉多鬃或无鬃，R_4脉延长且弯曲，R_4和R_5分叉状；翅盘室伸长，其末端伸出M_1、M_2和M_3 3条纵脉；CuA_1脉不与翅盘室后缘相交；横脉m-cu存在；翅室cup闭合，翅室m_3开放或闭合。脉序常发生变化。翅瓣发达。平衡棒大且发达。

　　腹部　背面隆起或平坦，在末端渐变成锥形，腹部前8节为发达的生殖前节。腹部常有细的灰白粉，许多种类灰白粉完全覆盖雄性整个腹部，且在雌性的腹部常形成斑纹。腹部被或不被棉毛和绒毛，雌虻毛通常比雄虻更长而密。

　　雄性生殖器　第8背板和第8腹板从不特化到中部缢缩。第9背板，即生殖背板，覆盖尾器，被各种毛，常有不同大小和形状的背侧突或侧叶。肛下板和尾须位于端部。第9腹板，即下生殖板，在一些属里较宽大，而在有的属窄甚至缺失。生殖基节形式多样，与第9腹板融合或分开，常延伸形成各种形状的突起，包括腹中叶和背侧突，腹中叶有时具有引导阳茎的功能。生殖刺突形状多样，常位于生殖腔中。阳茎由或短或长弯曲的端阳茎、延长或退化的阳茎背面突、简单或分叉的阳茎腹面突（有时会向端阳茎末端伸展）和形状多样的射精突组成。

　　雌性生殖器　第8腹板大且明显，功能多样，可作为产卵的挖掘器、生殖腔的底板和交配时引导阳茎插入。第9腹板，即生殖叉，为生殖腔顶板，完全位于体内，基部连有2个侧骨片突和膜质的中央套，中央套连接储精囊、受精囊和附腺。3个不骨化的受精囊，2个附腺。第8背板通常不特化。第9背板为单一骨片。第10背板中部分开。肛下板为单一的板，高度硬化。尾须半圆形，大多与第10背板连接。

2. 窗虻科（图2）

　　体小到中型，色较暗，背腹有些扁平，有短细毛而无鬃。腹部第2背板中央有刺或齿带。足较短，无爪间突。

　　头部　卵圆形，有时呈三角形。雄性复眼合眼式，在额相接；雌性复眼分开。雄性复眼明显分为上下两部分，背部小眼面扩大；雌性复眼小眼面大小一样。单眼瘤明显，有 3 个单眼。雄性额在触角上部呈形状多变的三角形，雌性额宽。触角基部接近；触角 3 节，柄节和梗节短，第 1 鞭节形状变化多端，从细长到短圆形，端部通常分叉，中部有 1 枚非常小的钉状端刺。口器通常发达，喙延伸至口腔外或保持在口腔内，但有时宽且扁平。

胸部　相当长，长大于宽，背面有些隆起。窗虻亚科 Scenopininae 和原窗虻亚科 Proratinae 的前胸腹板连接前侧片，泥窗虻亚科 Caenotinae 的前胸腹板与前侧片分离。盾片无鬃，通常被短至长的毛或扁平的鳞状毛。小盾片短且宽。

足　较短，无明显的鬃，爪间突缺失。

翅　从透明到深黑色。翅脉颜色比膜质部分深。C 脉延伸到 R_5 脉或 M_1 脉末端，泥窗虻亚科 Caenotinae 例外，R_{2+3} 脉与 R_1 脉平行且不分叉，R_{4+5} 脉分叉且 R_4 脉终止于翅缘。翅痣位于 R_1 顶端。M 脉在泥窗虻亚科 Caenotinae 和原窗虻亚科 Proratinae 中分为 2 支，在窗虻亚科 Scenopininae 中为 1 支，M_1 脉伸到翅缘或终止于 R_5 脉。

腹部　宽扁或长筒状，向末端逐渐变细，如窗虻亚科 Scenopininae 的一些种扁平，由 7~8 节可见腹节构成。第 1 腹节短且不完整，第 2 腹节是随后腹节的 2 倍长；第 3 至 7 腹节相对短，长度大致相似。雌性雄性腹部的第 2 背板都有 1 块从中部到后缘被毛修饰的显著区域。雄性第 8 节短，环状且藏于第 7 节之下，第 9~10 节形成生殖结构。

雄性生殖器　通常旋转 180°。第 9 背板大，分为两半，通常包住交配器官和阳茎，第 9 腹板与生殖基节愈合，或缺失；生殖基节中部愈合且可能退化。阳茎发达。

雌性生殖器　第 8 腹节伸长，包住交配囊。第 9 背板和第 10 背板愈合；2 个受精囊，部分骨化。

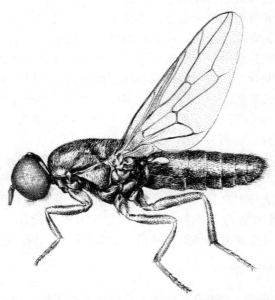

图 2　普通窗虻 *Scenopinus fenestratus*（**Linnaeus**）
据 Krivosheina，1997 重绘。

3. 小头虻科 （图3；图版2）

体小至中型，有短毛而无鬃。头部小而圆，其宽度通常不超过胸部的一半；胸部大而驼背；腹部多呈球形。翅腋瓣很大，大于头宽。

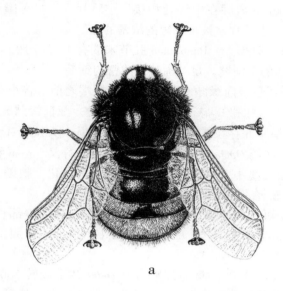

a

b   c

图 3   小头虻

a. 瓦普小头虻 *Pterodontia waxelli* （Klug）；b. 墙寡小头虻 *Oligoneura murina* （Loew, 1844）；

c. 弱小头虻 *Cyrtus pusillus* Macquart。

分别据 Nartshuk, 1997、Sack, 1936 和 Seguy, 1926 重绘。

头部　通常小而圆，位置低于胸部。复眼接眼式，占据头的大部，被浓密的长或短的毛。3 个单眼位于头顶平面上，或位于单眼瘤，前单眼有时小于另两个单眼或缺失。触角基部接近，触角 3 节，有时隐藏在额的下方；柄节和梗节短而圆；鞭节形状多样，如长，侧扁，或大且弯曲，或刚毛状，或针状，有时末端有少许短或长的鬃。感觉孔通

11

常出现在鞭节内基部。触角位于头顶，或头部的下部，偶尔位于头部中部。口器发达，或不完全发达，或几乎弱侧视不可见。口器有时很发达，形成一个长喙，与身体几乎等长或为头高的 1~3 倍；不发达的口器几乎不能伸出口缘。

胸部　大，背部常隆起，有时呈显著驼背状。颈部通常隐藏。肩胛大且宽分离，但驼小头虻亚科 Philopotinae 肩胛在中线处相接。小盾片大，显著隆起。上前侧片鼓起，下后侧片明显。盾片和小盾片常被长或短的浓密的毛。

足　细长。股节有时膨大，Panopinae 胫节末端有 1~2 个距。跗节末端有 1 对爪，2 个大爪垫和 1 个发达的爪间突。足被稀疏或浓密的细毛。

翅　透明或略带褐色。前缘脉 C 伸达翅端或翅端之前。普小头虻属 *Pterodontia* 雄性前缘脉 C 在 Sc 脉与 R_1 脉和 R_2 脉连接点之间具齿突。亚前缘脉 Sc 完整，终止于翅中央或超过翅中央。肩横脉 h 存在或缺如。R_{2+3} 存在，但小头虻属 *Acrocera* 的异小头虻亚属 *Acrocerina* 和澳小头虻属 *Ogcodes* 缺如。R_{4+5} 脉简单或分叉。r-m 和 m-cu 横脉通常存在。*cup* 室闭合或开放。澳小头虻属 *Ogcodes* 翅脉显著退化。腋瓣发达，很大的圆形，裸露或有毛，通常有显著的边缘且完整地覆盖住平衡棒。

腹部　有 5~8 个可见的腹节。帕小头虻亚科 Panopinae 腹部长球形，小头虻亚科 Acrocerinae 腹部背面常呈球状隆起，驼小头虻亚科 Philopotinae 腹部侧扁。腹部气门位于背板、腹板或节间膜上。

雄性生殖器　多旋转 180°，澳小头虻属 *Ogcodes* 几乎旋转 360°。尾须紧接第 9 背板。第 9 腹板连接生殖基节和生殖刺突。阳茎为长棒状器官，基部膨大且有鞘，鞘两边开放且背向弯曲指向末端，腹面通常有 "V" 形缺刻，生殖孔显著位于 V 形缺刻下方。

雌性生殖器　通常简单，由大的尾须和杯状、扇贝状或三叶形的第 8 腹板组成。

（二）幼期（图 4~6）

1. 剑虻科（图 4）

幼虫　狭长且为圆柱形，两端逐渐变尖。头小，颅骨高度硬化且分成 2 个部分：前半部暴露，且至口器强烈变尖；后半部顶端有长竹片状的后头棒，有弹性地连接着前头区的后缘且伸向胸部。口器包含中等细长的锥形上唇，旁边有弯曲且尖的下颚、内颚叶和上颚须，以及下唇腹面的一部分；下唇包含头盖腔腹面闭合的大后颏、1 对融合的唇须（通常被几对鬃）和前颏前端。头盖骨外表背面和腹面有少许感觉细胞，触角位于背表面前端的新月状凹陷中，显著硬化的后颏腹面和背面稍硬化的被称为 "白区" 的部分，有 1 对长的背板鬃和 2 对长的腹板鬃；颅骨中有 2 对接合的幕骨臂。胸部的每一节上都有 1 对背侧鬃；前气门清晰，有 2 或 3 个气门。第 1~8 腹节二次收缩，每一节看起来像有 2 个腹节，3 个胸节看上去共有 19 节；后气门在倒数第 2 腹节上，明显有 8 个气门；末节末端有 1 对可缩回的指状突，称腹足。

卵　卵形至钝卵形，有乳白色光泽，长 0.4~0.8 mm，缺少网状物，常有沙粒黏附在绒毛膜上。

蛹 头部有 1 对触角或可见的触角鞘；上唇鞘及喙鞘可见。管状的胸部区域位于紧挨头鞘之后的背面，且有 1 对肿块或隆起成为翅突；足鞘和翅鞘腹部可见，紧挨喙鞘。腹鞘末端两侧有 1 对尾刺。

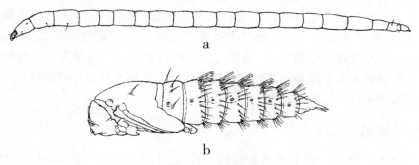

图 4 幼期（larval stages）

a. 阿剑虻 *Anabarhynchus* sp.，幼虫（larva）；

b. 毛利阿剑虻 *Anabarhynchus maori* Hutton，蛹（pupa）。

据 Lyneborg，1992 重绘。

2. 窗虻科（图 5）

幼虫 体伸长，圆柱形，向前和向后变尖，类似于剑虻幼虫。头相对小，有强烈骨化的头盖骨，分为 2 块。前部分露出且向前伸，口器轻度变细，背部明亮且膜状，后缘颜色略深，褐色。后头棒与前部连接且缩回胸部。后头棒直，末端为不加宽抹刀形，这是典型窗虻幼虫的特征。口器包括一个位于中部的细长且向后变尖的上唇，侧面着生弯曲且尖的上颚，以及下颚和腹面的下唇结构，下唇由大后颏（头腹面骨片）包含头孔腹面部分组成。体长且细，形成蜿蜒明显的 19 节，前 3 节形成胸且后面部分形成 8 个腹节，这些腹节都经历了二次分裂，每节在外观上形成 2 节。前面的环长，其长度明显长于宽，后面的环相对短，在第 1 腹节长等于宽，后面的 4 个腹节略长于宽，第 7 节有

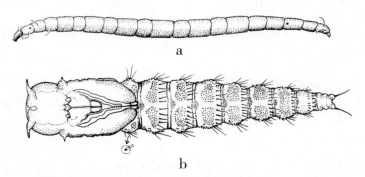

图 5 克氏瘦窗虻 *Prepseudatrichia kelseyi* Krivosheina

a. 幼虫（larva）；b. 蛹（pupa）。

据 Krivosheina，1997 重绘。

2个等长的部分。尾器腹节结束于1对可缩回的指状突，成为前期足。呼吸系统为双重气门结构，2对气门位于体侧，圆形且外轮廓变化。前气门位于接近第1胸节后缘的位置，后气门位于倒数第3腹节的第2圈。

蛹 头和胸相对平滑，无显著的刺或鬃。触角鞘伸向两侧，其基部在接近体中线的地方靠在一起，然后向两侧分开，末端有端刺（剑虻的蛹非常封闭，但其触角鞘在基部宽分开）。足鞘彼此相连，后足有时能略微超过翅鞘（剑虻前足鞘几乎达到翅鞘缘，且中足并在一起显著伸出翅鞘缘）。胸部气门无柄固着或位于圆锥突上，腹部气门无柄固着。第1腹节都生有1圈端刺和长鬃。尾器腹节有2根基部分开的鬃状突（剑虻尾器腹节有2根基部生在一起的鬃状突）。

3. 小头虻科（图6）

幼虫 分3个龄期。第1龄期为闯蚴，长0.25~1.0 mm，宽0.05~0.15 mm，由头、3个胸节和9个腹节组成。头有1对上弯的颚，1个前肉叶或1对须状叶，眼模糊或缺失，1对1节或2节触角，和3个或4个臂形成的甲胄。体节骨化强烈（除小头虻属 *Acrocera*），且被很多鬃或鳞片；有1对或2对较长的鬃和1个尾部的吸盘。呼吸系统

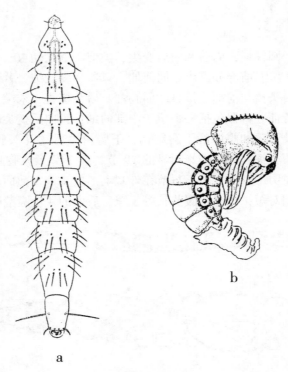

图6 幼期（larval stages）

a. 淡色澳小头虻 *Ogcodes pallipes* Latreille，幼虫（larva）；

b. 粗角小头虻 *Astomella hispaniae* Lamark，蛹（pupa）。

分别据 Millot, 1938 和 Brauer, 1869 重绘。

后气门式，气门位于第 8 腹节或第 9 腹节基部。第 2 龄期被知之甚少。虫体白色，无显著的骨化部分，头部难区别，有一小块咽部骨片，胸部未分节，腹部呈 6 节。后气门大，位于环状尾节中部，或位于骨化的气门骨片上。末龄期幼虫白色，长 3~35 mm，由显著的头、3 节胸节和 8~9 节腹节组成（腹部腹板比背板少一节）。呼吸系统侧气门式，背侧有 1 对眼状的大型气门，1 对位于腹部第 8 背板基部的后气门更大，且还有 7 对小侧气门。每一腹节有 1~3 条由细毛组成的宽带。

卵　微型，长度很少超过 0.25 mm，褐色至暗黑色，轮廓梨形，有平截开口且有小盖；或卵形。表面细网状，小头虻属 *Acrocera* 的表面质地独特。卵后缘有附着盘或无。卵通常被黏性物质且可在任意表面附着。

蛹　白色至褐色，长 3~20 mm，由小头部、膨大分 3 节的胸部和分 8~9 可见节的腹部组成。头两侧各有 1 排乳状突，或各有 2 排棒状突形成 "V" 形装饰，或无头部突起但胸部有 1 排背中刺。气门出现在第 2~5 腹节。第 1 腹节和尾部 3 节背板和腹板分化不明显。

四、生物学及经济意义

1. 剑虻科

　　成虫白天活动，且很多能够在适宜的环境条件下生活数月。剑虻幼虫通常在干燥的土壤中捕食无脊椎猎物，成虫偶尔访花取食蜜露或吸食树干汁液。它们经常在荒野小路或林边小道阳光充足的地面飞落，雄性常等待飞过的雌性。休息时停落的位置常和属种有关联，包括沙地、岩石、草叶、树叶、茎及树干。大多数剑虻有短时间快速飞行的能力，但南非的林氏剑虻属 *Lyneborgia* 的雌性无飞行能力，雄性飞得慢且拍翅。剑虻的一些种模仿不同的胡蜂（Nicholson，1927，Irwin，1971）。成虫非捕食性，大多数只饮水为生。花彩剑虻属 *Phycus*、塞洛提剑虻属 *Cyclotelus*、奥蜡剑虻属 *Ozodiceromya* 等成虫可从植物的花蜜、植物的分泌液、昆虫的排泄物及昆虫的分泌物中汲取营养。剑虻中有一些种类的雄性有群飞习性，雌性飞入群内，被雄性抓住后进行交配。其中圣爱剑虻属 *Agapophytus* 的一些种会形成一个择偶场，由 8 只雄性组成，在距地面 1~2m 的树荫蔽处飞行，组成一个紧凑的环。雄性不断起飞降落，降落地点与在择偶场飞行的位置近似。这些剑虻交配的位置在同一棵树的另一侧，或在附近的另一棵树上。雌性产卵时会把主要的产卵器刺入地表之下，产完卵后雌性自行飞走。剑虻产卵及卵孵化的过程（Irwin，1973，1976，1977）可作为亚科和属群的分类特征。平均每只雌性可产 50 枚卵，一些可产 90 枚，也有一些仅产 25 枚。蛹期持续 6~14 天，根据种类和环境条件的不同，平均为 10 天。蛹尤其容易受到干旱影响和捕食者的攻击。剑虻幼虫有 5 个龄期，在第 5 龄期之后或化蛹，或进入滞育，滞育可持续 2 年。一般认为剑虻为一化性，但美国学者在对美国伊利诺伊州剑虻的调查发现，尽管所有剑虻都会在 5 月下旬至 6 月上旬达到第一个种群峰值，但有些种的剑虻会在同年 7 月下旬至 8 月上旬达到第二个种群峰值，这就意味着有些种的剑虻可能存在二化性现象。Irwin（1973）在对非洲纳米比亚剑虻调查时，也提出了存在二化性剑虻的观点。蛇形的剑虻幼虫常被发现隐藏在沙土及沙壤土中，不过一些种的幼虫被发现能够栖身在腐烂的树皮、水果、真菌及重的石块下。幼虫非常善于掘土，且能在疏松的土壤中快速移动。剑虻幼虫是贪婪的捕食者，可捕食活跃能掘土的节肢动物和蚯蚓，更喜欢捕食鞘翅目幼虫，如叩甲科 Elateridae、金龟科 Scarabaeidae 和拟步甲科 Tenebrionidae。剑虻在控制地下害虫特别是金针虫方面有应用前景。澳大利亚学者提出剑虻可以用作为一种半干旱环境的指示昆虫。剑虻作为地下植食性生物的捕食者，由于其处在食物链顶端，对于当地环境的生物多样性、土壤生产力等有很好的潜在指示作用。比如，在澳大利亚的一些地区，在很短的时间内用马氏网捕捉到数以千计的剑虻，可见当地保持着很好的生物多样性。剑虻最主要的天敌可能是其他剑虻的幼虫、食虫虻和捕食蜂。脊椎动物捕食者（鸟、蛙、蟾蜍和蜥蜴）及许多捕食性昆虫有微小影响。唯一已知寄生剑虻的物种是一种蜂虻（English，1950）。

2. 窗虻科

成虫吸食花蜜，且常常出现在外露花蜜的花朵上。大多数窗虻常出现在屋里。窗虻幼虫为捕食性，常见于干碎石、屋中尘土、洞穴碎砾以及白蚁、鸟、狐尾大林鼠和木生昆虫的巢穴等生境中。已知普通窗虻 *Scenopinus fenestralis* (Linnaeus，1758) 和光额窗虻 *Scenopinus glabrifrons* Meigen，1824 随着商品流通成为世界广布种，其幼虫以皮蠹和白蚁为食。假毛窗虻属 *Pseudatrichia* Osten-Sacken，1877 的成虫生活在北美狐尾大林鼠的巢穴中 (Kelsey，1969)。短毛窗虻属 *Brevitrichia* Hardy，1944 在独居蜂的洞穴中被采集到。在玫瑰茎的导管内采集到了尾毛窗虻属 *Metatrichia* Coquillett，1900 的 1 头标本。在土库曼斯坦 *Dorema* 和 *Ferula* 植物干燥的茎中曾发现凯氏环毛窗虻 *Prepseudatrichia kelseyi* Krivosheina，1981 的幼虫。在非洲，来自同一个属的成虫在苹婆的树干和金合欢的树枝中被发现，它们主要生长在吉丁甲 Buprestidae 和长蠹虫 Bostrichidae (Kelsey，1969) 的虫穴内。饶舌窗虻属 *Belosta* Hardy，1944 的代表种和木生昆虫有关，其成虫出现于松树和黄杉枯死的枝条中，被证明可捕食红脂大小蠹 *Dendroctonus* 的幼虫。除此以外，饶舌窗虻属 *Belosta* 的几个种被发现和白蚁巢穴有关。新假毛窗虻属 *Neopseudatrichia* Kelsey，1969 生长于桉树的树干中。窗虻属 *Scenopinus* Latreille，1802 的几个种被认为属于同样的生态组。在土库曼斯坦，沙漠窗虻 *S. desertus* Krivosheina，1980 的从幼虫到成虫生活在白梭树干基部的碎石中。西伯利亚窗虻 *S. sibiricus* Krivosheina，1981 的幼虫可在栎树树洞的干燥木屑、冷杉树桩以及木生菌类的干碎屑中被采集到 (Krivosheina，1982)。

3. 小头虻科

成虫有些种模仿蜜蜂或胡蜂，常特化出访花习性且有长口器，但有些种的口器退化。小头虻幼虫拟寄生于蜘蛛幼虫体内。较原始的驼小头虻亚科 Panopinae 寄生于原蛛亚目 Mygalomorphae 的种类，较进化的小头虻亚科 Acrocerinae 所有的寄生种类与新蛛亚目 Araneomophae 相关。

小头虻通常在飞行中交配。雌性产卵量大（最多 5 000 粒），且通常将卵产于蜘蛛活动的区域。雌性成虫产下的大量微型卵飘散在空中，或降落在树枝和树叶上。第 1 龄期幼虫通过发达的鬃、刺和后吸盘进行爬行、跳跃等寻找寄主蜘蛛。小头虻属 *Acrocera* 没有体表的鬃或刺，运动模式独特，显著区别于其他种。大多数幼虫需要等待寄主蜘蛛经过，微小的幼虫便可顺利"登陆"。在适应澳小头虻 *Ogcodes adaptatus* (Schlinger，1960) 的例子中可以观察到，"登陆"后的幼虫只在蜘蛛行动的时候才移动，所以蜘蛛很难发现其存在。幼虫通过头胸部、足关节等表皮直接进入蜘蛛体内。所有的幼虫最终都会附着在书肺处，通过后气门呼吸外界空气。一旦附着上，第 1 龄期的幼虫就可以进入几个月至 10 年的滞育状态。活跃取食的幼虫很快完成其生活史（几天至几周）。幼虫化蛹的时候已将寄主蜘蛛体内物质全部耗尽，仅留一具完整的外骨骼。

各 论

一、剑虻科 Therevidae

小至中型（2.5~18 mm）。体粗壮，灰色或黑色，多毛且有粗的鬃，外观类似食虫虻，但头顶部不凹陷。头部半球形，前口式或下口式；雄性复眼分开或相接，雌性复眼分开，均无毛。触角柄节和鞭节有毛；鞭节基部 1 节较粗，有 1~2 节端刺。须 1~2 节。胸部有粗鬃，3~8 根背侧鬃，1~3 根翅上鬃，1~2 根翅后鬃，0~3 根背中鬃，0~3 对小盾鬃。足细长，后足比前中足长，有明显的鬃；爪间突刚毛状或缺如。翅 R_{2+3} 脉不分叉，R_{4+5} 脉分叉，R_4 脉弯曲，R_5 脉终止于翅端之后；第 2 基室端部有 4 个角，发出 4 条脉；第 4 后室开放或关闭，臀室近翅缘关闭。腹部可见 8 节，背面突起或较平，端部有些缩尖。雄性腹端下生殖板部分或完全与生殖基节愈合，无生殖基节背桥，生殖突内外 2 个。雌性第 10 背板有刺状鬃，尾须 1 节，有 3 个精囊。

剑虻科昆虫世界性分布，目前已知 130 余属 1 000 余种。本文记述我国剑虻科 2 亚科 14 属 46 种，其中包括 10 新种。

亚 科 检 索 表

1.	R_1 脉具毛；雄阳茎背突和生殖基节前突间有骨化背桥，阳茎腹突分叉或退化；雌性第 9 和 10 合背板无刺状鬃 ················· 花彩剑虻亚科 Phycinae
	R_1 脉无毛；雄性阳茎背突和生殖基节前突间无骨化背桥，阳茎腹突为单一的骨片；雌性第 9 和 10 合背板有刺状鬃 ················· 剑虻亚科 Therevinae

（一）花彩剑虻亚科 Phycinae

R_1 脉具毛。成虫足股节的毛单一。雄性阳茎背突和生殖基节前突间有骨化背桥相连，阳茎腹突分叉或退化，下生殖板很大且被毛。雌性第 9 和 10 合背板无刺状鬃；第 8 腹板和生殖叉之间的节间膜膜质，第 8 背板和第 9 背板分开；受精囊 3 个，储精囊缺失。蛹无刺突。幼虫存在唇须，前颚须大。

花彩剑虻亚科 Phycinae 主要分布在古北区、新北区、非洲热带区和东洋区。本文记述该亚科 3 属 6 种，其中包括 2 新种。

属 检 索 表

1.	中足基节后面被毛；盘室基部脉斜向；M_1 基部显著拱突 ············· 塞伦剑虻属 Salentia
	中足基节后面无毛；盘室基部脉横向；M_1 基部不明显拱突 ····················· 2
2.	雄性复眼在额明显分开；腿节均无前腹鬃 ····················· 花彩剑虻属 Phycus
	雄性复眼在额相接；腿节有前腹鬃 ····················· 厚胫剑虻属 Actorthia

1. 厚胫剑虻属 *Actorthia* Kröber，1912

Actorthia Kröber，1912. Dtsch. Ent. Z. 1912：3. Type species：*Actorthia frontata* Kröber，1912 (monotypy)．

Gyrophthalmus Becker，1912. Verh. Zool.－Bot. Ges. Wien 62：311. Type species：*Gyrophthalmus khedivialis* Becker，1912 (monotypy)．

Lesneus Surcouf，1921. Genera Insecta 175：161. Type species：*Lesneus canescens* Surcouf，1921 (monotypy)．

Gyrophthalminus Frey，1937. Commentat. Biol. 6 (1)：52. Type species：*Actorthia ahngeri* Frey，1921 (original designation)．

属征　体小至中型，粗，黑色或黄色。雄性复眼相接或近乎相接。雌性复眼明显或显著分开；额宽至非常宽，常全部呈亮黑色或亮黄色，或至少有亮黑色的胛。侧颜被毛。触角较头短，鞭节窄于柄节；端刺非常粗壮，2节，末端或近末端有小刺。小盾片被浓密的长毛；小盾鬃1对或2对，有些种甚至有3对。前胸腹板被毛。中足基节后面无毛。翅围脉伸出达 A_1 脉；翅室 r_4 末端宽；所有M脉均到达翅后缘。前足胫节末端通常增厚，且有1块独特的多鬃表面。中足和后足跗节有长的前腹鬃。雄性外生殖器：第9背板简单；肛下板弱；生殖基节腹面愈合，有指状生殖基节外突；第9腹板大；端阳茎近乎直，末端突然下弯；阳茎其余部分严重退化；第8背板中部凹缺；第8腹板三角形。雌性生殖器：第10背板为窄弯条，鬃少，短且弱；尾须分离，骨化弱；肛下板仅有轻度凹缺，被浓密的短毛。

讨论　厚胫剑虻属 *Actorthia* 分布在古北区，已知种可能存在异名，有待进一步修订。该属全世界已知16种，我国有2种。

种 检 索 表

1.	第8腹板前缘平；生殖基节后侧具尖角；阳茎背突显著隆起 …………	科氏厚胫剑虻 ***A. kozlovi***
	第8腹板前缘凹缺；生殖基节后侧钝圆；阳茎背突不隆起 ……………	平滑厚胫剑虻 ***A. plana***

（1）科氏厚胫剑虻 *Actorthia kozlovi* **Zaitzev，1974**（图7；图版4）

Actorthia kozlovi Zaitzev，1974. Nasekomye Mongol. 4 (2)：314. Type locality：China：Xinjiang.

雄　体长 4.5~7.0 mm，翅长 4.0~6.6 mm。

头部额、侧颜和颈被粗糙的银白粉。头被白毛，仅单眼瘤和复眼后上部被黑毛。触角黑色，被黑鬃和短毛。

胸部中胸背板和小盾片被粗糙的银白粉和白毛。中胸背板中部有宽的金褐色窄带；胸部的鬃黑色。侧板和基节被银白粉和白毛。足被黑鬃和黑毛。翅透明；翅脉褐色。平衡棒淡黄色，末端浅褐色。

　　腹部背板被浅银粉；背板两侧棕黄色，第2~3背板后缘白色。第1~2腹节被白色长毛，其余腹节被黑色短毛。

　　雄性外生殖器：第9背板宽，前缘钝圆。生殖基节后侧角尖，到达生殖基节外突中间，外突末端略尖。

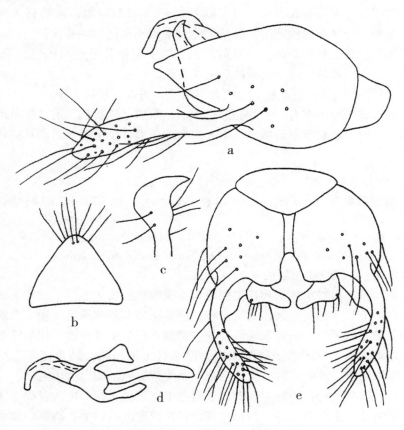

图7　科氏厚胫剑虻 *Actorthia kozlovi* Zaitzev（♂）

a. 外生殖器，侧视（genitalia, lateral view）；b. 第8腹板（sternite 8）；

c. 生殖突（gonostylus）；d. 阳茎，侧视（phallus, lateral view）；

e. 外生殖器，腹视（genitalia, ventral view）。

据 Zaitzev，1974 重绘。

　　雌　体长5.2 mm，翅长4.4 mm。

　　头部黑色，有密的白粉；额中部有一大的亮黑斑伸达单眼瘤。毛淡黄色；上后头有黑色的毛和鬃；额无毛，颜两侧有毛。触角浅黑色，但第3节和端刺基部2节暗黑褐色；端刺末节短刺状，黄褐色。触角比率：12∶3.5∶10.5∶5。触角基部2节有黑色的毛，基节有黑色的背腹鬃。喙黑褐色，有褐毛；须黄色，有淡黄毛。

　　胸部黑色，有密的白粉。毛和鬃黑色，胸侧的毛和肩胛的毛淡黄色；胸背毛短，鬃

23

长。3 根背侧鬃，前背侧鬃弱；1 根翅上鬃，1 根翅后鬃，2 根小盾前鬃；2 根小盾鬃。足浅黑色至黑色；基节黑色，转节浅黑色；前足腿节窄的基部和中后足腿节暗黄褐色；中后足胫节浅黑色。足的毛和鬃黑色，中后足基节的毛部分淡黄色。前足腿节有 4 根前腹鬃和 5 根后腹鬃。中足腿节有 4 根后腹鬃。后足腿节有 6 根前腹鬃。前足胫节加粗，背毛近鬃状。前足基部 3 跗节有些加粗。中足胫节有 1 根前背鬃、1 根后背鬃、1 根前腹鬃和 1 根后腹鬃，末端有 5 根鬃。后足胫节有 4~5 根前腹鬃，末端有 4 根鬃。翅带浅褐色，端部和后缘区近白色透明；脉暗褐色。平衡棒褐色，端部淡黄色。

腹部黑色，稀有灰粉；基部 3 节暗黄褐色，第 1 背板几乎全暗褐色，第 2~3 背板中部暗褐色。毛和鬃黑色，第 1 背板两侧毛淡黄色。

分布　新疆（哈密）；亚美尼亚，哈萨克斯坦，塔吉克斯坦，蒙古。

讨论　该种雌性额中部有一大的亮黑斑伸达单眼瘤。须黄色。前足腿节黑色且窄的基部暗黄褐色，中后足腿节暗黄褐色。第 8 腹板三角形；生殖基节后侧具尖角；阳茎背突显著隆起。

（2）平滑厚胫剑虻 *Actorthia plana* Liu，Wang *et* Yang，2013　（图 8；图版 5）

Actorthia plana Liu，Wang *et* Yang，2013. Acta Zootaxon. Sin. 38（4）：878. Type locality：China：Inner Mongolia，Suniteyou Qi，Sunitezuo Qi & Hangjin Qi.

雄　体长 4.6~5.7 mm，翅长 4.0~4.5 mm。

头部黑色，被灰白粉。侧颜和颊被白毛，单眼瘤和后头无毛，上后头无眼后鬃。复眼红褐色，在额上几乎相接。触角被灰白粉，柄节至梗节基部褐色，梗节末端至第 1 鞭节黑色；触角被黑色短毛，柄节末端混合少许黑鬃；柄节中等长度；梗节圆形；第 1 鞭节末端尖；端刺 2 节，位于第 1 鞭节末端，顶端有 1 根小刺；触角比率：2.8 : 1.0 : 3.8 : 0.7。喙深褐色，被稀疏的白色短毛；下颚须黄褐色，被白色伏毛。

胸部黑色，被灰白粉；中胸背板有 1 条黑色中宽带且无粉。中胸背板边缘和小盾片被稀疏的浅褐色毛，上前侧片、下前侧片和侧背片被稀疏的白毛；胸部粗鬃黑色。背侧鬃 2 对，翅上鬃 1 对，翅后鬃 1 对，背中鬃 2 对，小盾鬃 1 对。足棕黄色，但跗节末端深褐色，爪垫深褐色。足上的毛和鬃黑色，但基节和前中足股节后腹面被白色长毛。前足基节有前鬃 1 根，前腹鬃 1 根。前足股节有前腹鬃 6~7 根；中足股节有前腹鬃 3 根；后足股节有前背鬃 1 根，前腹鬃 3 根。前足胫节有端鬃 4 根；中足胫节有前背鬃 1 根，前腹鬃 1 根，后腹鬃 1 根，端鬃 7 根；后足胫节有前背鬃 6 根，前腹鬃 5 根，端鬃 4 根。翅透明，无翅痣；翅脉近翅基黄色，近端部褐色；翅室 m_3 闭合，末端具短柄。平衡棒基部褐色，中部棕黄色，端部浅黄色。

腹部深褐色，被灰白粉，各节背板的后缘棕黄色。白毛被于背板两侧，腹板和尾器被黑色的短毛。

雄性外生殖器：第 9 背板长为宽的 1.1 倍，端部有一个三角形的凹缺。尾须近长方形且端部钝圆。肛下板较尾须短，端部有一个深凹缺。下生殖板很大，椭圆形。生殖基节上着生正方形的腹叶；生殖基节外突几乎与生殖基节等长。生殖刺突三角形。端阳茎向下弯曲；阳茎腹突分叉；射精突基部心形。

雌 体长 6.1~6.5 mm，翅长 4.5 mm。与雄性近似，但额很宽，为前单眼宽度的 8.8 倍。额褐色且有光泽，被灰白粉，中部被一些黑色的短毛。

观察标本 正模 ♂，内蒙古自治区苏尼特右旗，2010. Ⅶ. 22，王宁。副模：7 ♂♂，2 ♀♀，内蒙古自治区苏尼特左旗（1 024 m），2010. Ⅶ. 23 – 25，王宁；2 ♂♂，1♀，内蒙古自治区杭锦旗（1 254 m），2010. Ⅷ. 11–12，王宁。

分布 内蒙古（苏尼特右旗、苏尼特左旗、杭锦旗）。

讨论 该种和科氏厚胫剑虻 Actorthia kozlovi Zaitzev 的区别在于第 8 腹板前缘有显著凹缺，阳茎背突简单，不隆起。

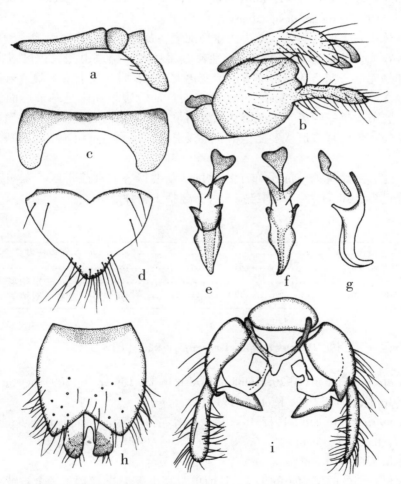

图 8 平滑厚胫剑虻 Actorthia plana Liu，Wang et Yang（♂）

a. 触角（antenna）；b. 外生殖器，侧视（genitalia，lateral view）；c. 第 8 背板（tergite 8）；

d. 第 8 腹板（sternite 8）；e-g. 阳茎，背视、腹视和侧视（phallus，dorsal，ventral and lateral views）；

h. 第 9 背板（tergite 9）；i. 生殖体，背视（genital capsule，dorsal views）。

2. 花彩剑虻属 *Phycus* Walker, 1850

Phycus Walker, 1850. Insecta Saundersiana. Diptera 1: 2. Type species: *Xylophagus brunneus* Wiedemann, 1824 (monotypy).

Caenophane Loew, 1874. Z. ges. Naturw. Halle. N. F. 9 (53): 415. Type species: *Caenophanes insignis* Loew, 1874 (monotypy).

Paraphycus Becker, 1923. Denkschr. Akad. Wiss. Wien 98: 62. Type species: *Phycus canescens* Walker, 1848 [= *Phycus nitidus* van der Wulp, 1897] (original designation).

Caenophaniella Séguy, 1941. Annls Soc. ent. Fr. 109: 112. Type species: *Caenophanomyia nigra* Kröber, 1929 (original designation).

属征 体中到大型，黑色，或少数体型细瘦，黄色。两性皆离眼式。额在最窄处宽度与单眼等宽或为单眼瘤宽的 2 倍，雌性额较雄性宽，额斑由亮黑色区或灰白粉区组成。侧颜和颊无毛。柄节和第 1 鞭节形状变化大，2 节端刺位于第 1 鞭节末端，且有小刺。下颚须 2 节。背侧鬃 1~2 对，小盾鬃 1 对。前胸腹板和中足基节后面无毛。所有股节无鬃，胫节被很短的鬃。雄性第 9 背板简单；肛下板前后全骨化；生殖基节腹面分开；腹叶缺失；生殖基节形状多变；第 9 腹板退化，仅剩一点痕迹或完全缺失；阳茎形状多变。

讨论 花彩剑虻属 *Phycus* 分布于古北区、新北区、非洲热带区、东洋区和新热带区。该属全世界已知 33 种，我国已知 3 种，包括 1 新种。

种 检 索 表

1.	足部分黄褐色 ·································	克氏花彩剑虻 *P. kerteszi*
	足全黑色 ·······································	2
2.	额全被绒毛 ····································	三足花彩剑虻 *P. atripes*
	额不全绒毛 ····························	黑色花彩剑虻，新种 *P. niger* sp. nov.

(3) 三足花彩剑虻 *Phycus atripes* Brunetti, 1920 (图 9)

Phycus atripes Brunetti, 1920. Fauna of British India, Diptera 1: 309 (new name for *Phycus nigripes* Brunetti, 1912 nec Krober, 1912).

Phycus nigripes Brunetti, 1912. Rec. Ind. Mus. 7: 480 (preoccupied by Krober, 1912). Type locality: India: Darjeeling.

雄 体长 8.0~9.0 mm。

额在触角基部处的宽为头的 1/4，且前单眼宽小于头的 1/10。额全被绒毛，上额绒毛呈灰褐色，下额绒毛呈银灰白色。触角柄节长为头的 0.43 倍，且长为宽的 2.4 倍；第 1 鞭节长为柄节的 2.4 倍，且长为宽的 5.3 倍。触角褐色至黑色，各节等宽。上后头鬃更细且更长。1 对背中鬃，或背中鬃缺失。上前侧片上前区域亮黑色，其余部分和胸部其余区域被绒毛。足黑色；前足基节有 1~2 根前鬃。腹部黑色。雄性生殖基节后缘明显凹缺。

分布 四川；印度，尼泊尔，越南。

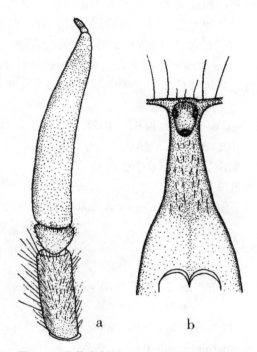

图 9　三足花彩剑虻 *Phycus atripes* Brunetti
a. 触角（antenna）；b. 雌性，额（female，frons）。
据 Lyneborg，2003 重绘。

（4）克氏花彩剑虻 *Phycus kerteszi* Kröber，1912

Phycus kerteszi Kröber，1912. Dtsch. Ent. Z. 1912：4. Type locality：China：Taiwan.

后头鬃黑色，每边约 30 根。触角柄节长为头的 0.63 倍；第 1 鞭节长为柄节的 1.1 倍。中胸背板中带被绒毛较少，且侧区无毛。小盾片黑色，被灰粉。上前侧片下区被灰色绒毛。1 对背中鬃。足黑色；前足股节端部 1/3 黄褐色，基部也呈黄褐色；中足和后足股节褐色至黑色，末端黄褐色。前足基节无背鬃。

分布 中国台湾（台南）。

（5）黑色花彩剑虻，新种 *Phycus niger* sp. nov. （图版 6）

雌 体长 10.5~11.0 mm，翅长 8.1~8.8 mm。

头部黑色，被灰白粉。侧颜和颊无毛，仅后头被一些黄毛或白毛，且上后头有黑色的眼后鬃。额最窄处与单眼瘤等宽，额被密的灰白粉，仅上额中部有一块黑色区域。触角深褐色，被稀薄的灰白粉，且被黄毛。触角柄节长圆柱形，梗节卵形；第 1 鞭节锥形，末端有 2 节端刺，且被 1 根小刺；触角比率：5.0∶1.0∶11.0∶1.5。喙深褐色，被黄毛；下颚须深褐色，被黄毛。

胸部黑色，被稀薄的灰白粉或黄粉。胸部背面被黄色长伏毛，侧板无毛，前胸腹板无毛；鬃黑色。背侧鬃 3 对，翅上鬃 2 对，翅后鬃 1 对，背中鬃 1 对，小盾鬃 2 对。足深褐色至黑色，基节被白毛，其余部分被黄毛。翅透明，带褐色，翅痣窄且为深褐色；翅脉深褐色；翅室 m_3 关闭。平衡棒柄部棕黄色，末端深褐色且顶端浅黄色。

腹部黑色，被灰白粉，且被黄色短毛，中部腹节后缘浅黄色。

雄　未知。

观察标本　正模♀，湖南茶陵云景山，1957. Ⅴ. 14，朱增冼（IZCAS）。副模：1♀，陕西甘泉，1971. Ⅷ. 10，杨集昆（CAU）。

分布　湖南（茶陵云景山）、陕西（甘泉）。

词源学　该种以其体色黑色命名。

讨论　该种与三足花彩剑虻 Phycus atripes Brunetti 有些近似，但后者额全被绒毛。

3. 塞伦剑虻属 Salentia Costa，1857（中国新纪录属）

Salentia Costa，1857. Giamb. Vico 2：446. Type species：Salentia fuscipennis Costa，1857 (monotypy).

Apioeicocera Becker，1912. Verh. Zool. –Bot. Wien 62：302. Type species：Xestomyza costalis Wiedemann，1824 (original designation).

属征　体中型，细瘦，黑色。雄性复眼在额几乎相接；雌性额宽，全部为黑色，或有粉被区。侧颜无毛。触角柄节与第 1 鞭节形状变化大；端刺 2 节，位于第 1 鞭节的末端或近末端外侧。下颚须 1 节。背侧鬃 3~4 对，小盾鬃 1 对。前胸腹板被稀疏的白毛；中足基节后面被毛。前缘脉绕达 A_1 脉，所有 M 脉抵达翅缘；盘室末端尖锐。所有股节有前腹鬃，前足胫节末端通常加粗。雄性第 9 背板有形状多变的侧叶，肛下板近后端骨化；生殖基节腹部分开，腹叶和生殖基节形状多变；第 9 腹板强烈退化，甚至消失。

讨论　塞伦剑虻属 Salentia 分布于古北区。该属全世界已知 12 种，我国已知 1 新种。

(6) 岭南塞伦剑虻，新种 Salentia meridionalis sp. nov.（图 10；图版 7）

雄　体长 8.5~9.7 mm，翅长 6.8~8.0 mm。

头部深褐色，被灰白粉；额轻微向前突。额、单眼瘤和颜无毛，颊和后头被白毛，后头上部有一排眼后鬃。单眼深褐色。复眼红褐色，在额上部相接。触角端部尖，褐色，被灰白粉；从柄节到鞭节基部被黑色的短毛；柄节细，比头长；梗节圆形；鞭节细，外表面近端部有一个洞，端刺位于其中；触角比率：8.1∶1.0∶7.9。喙背面棕黄色，腹面深褐色，基部被深褐色的长毛，端部被稀疏的白色短毛；下颚须深褐色，基部被深褐色的长毛，端部被白色的长毛。

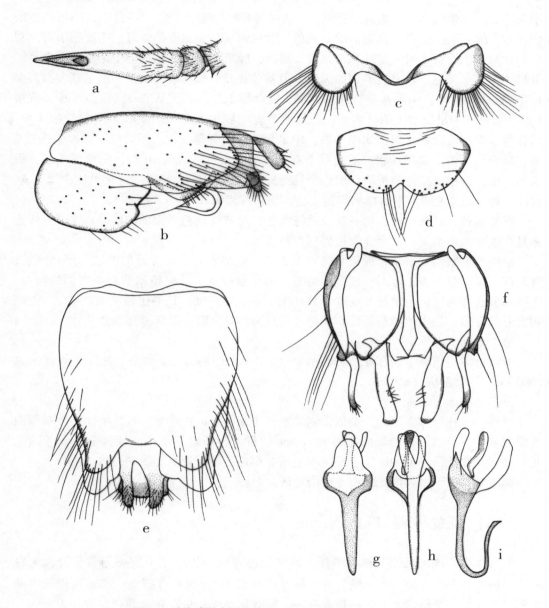

图 10　岭南塞伦剑虻 *Salentia meridionalis* **sp. nov.**（♂）

a. 触角（antenna）；b. 外生殖器，侧视（genitalia, lateral view）；

c. 第 8 背板（tergite 8）；d. 第 8 腹板（sternite 8）；e. 第 9 背板（tergite 9）；

f. 生殖体，背视（genital capsule, dorsal view）；g. 阳茎，背视（phallus, dorsal view）；

h. 阳茎，腹视（phallus, ventral view）；i. 阳茎，侧视（phallus, lateral view）。

胸部深褐色，被灰白粉；中胸背板有 4 条黑色的宽纵带，被 3 条蓝色的窄带分开，中间的 2 条纵带较窄。背板近乎裸露，但边缘被一些黑毛，夹杂一些白毛；侧板的上前侧片和背侧片被一些白毛；胸部的鬃黑色。背侧鬃 3 对，翅上鬃 2 对，翅后鬃 1 对，背中鬃 0 对，小盾鬃 1 对。足从基节到股节褐色，胫节和跗节黄色，但中足基节和中足跗节褐色，爪垫黄色。足上的毛和鬃黑色，但基节和股节被稀疏的白毛。前足基节有前鬃 1 根，前腹鬃 1 根；中足基节有前鬃 1 根，前背鬃 1 根；后足基节有前腹鬃 3 根，背鬃 1 根。前足和中足股节无明显的鬃；后足股节有前腹鬃 5 根。前足胫节有前背鬃 4 根，后背鬃 5 根，后腹鬃 4 根，端鬃 5 根；中足胫节有前背鬃 6 根，后背鬃 5 根，前腹鬃 3 根，后腹鬃 3 根，端鬃 6 根；后足胫节有前背鬃 7 根，后背鬃 10 根，前腹鬃 7 根，后腹鬃 1 根，端鬃 4 根。翅透明；翅痣窄且为棕黄色，位于 R_1 末端；翅脉褐色；翅室 m_3 关闭，翅室 cup 关闭。平衡棒柄部黄褐色，端部深褐色。

腹部褐色，被灰白粉，每一腹节后缘黄色，尾器棕黄色。腹部的白毛直立于背板边缘且在腹面变得稀疏，从第 3 腹板到尾器被黑毛。

雄性外生殖器：第 9 背板长为宽的 1.2 倍，端部有一个正方形的凹缺。尾须细长，且端部钝圆。肛下板正方形，比尾须略短。第 9 腹板条形。生殖基节有正方形的腹叶；生殖基节前突延伸至生殖基节前缘之外；生殖基节内突细，长为生殖基节的 2/3。生殖刺突近长方形，与生殖基节等长。端阳茎长且为 "U" 形；阳茎腹突深分叉。

雌 未知。

观察标本 正模 ♂，海南，1934.Ⅳ.16（CAU）。副模：1 ♂，海南三亚营根（200 m），1960.Ⅴ.7，李常庆（IZCAS）。

分布 海南（三亚）。

讨论 该种身体多被粉，类似于剑虻亚科 Therevinae 的种类，但其雄性外生殖器阳茎腹突分叉，类似是花彩剑虻亚科 Phycinae 的种类，所以初步推测该种分类介于两个亚科之间。此处，将该种放置于外观与生殖器都近似的塞伦剑虻属 Salentia 中。

词源学 该种以其模式种产地岭南地区命名。

（二）剑虻亚科 Therevinae

R_1 脉无毛。成虫足股节被毛多样。雄性阳茎背突和生殖基节前突通常分开，无骨化背桥相连；阳茎腹突为单一的骨片。雌性第 9 和 10 合背板有刺突；第 8 腹板和生殖叉节间膜骨化。受精囊 2 个；储精囊存在。蛹有翅突。幼虫存在唇须；前颚须大。

剑虻亚科世界性分布，是剑虻科中数量最大、种类最丰富且分布最广的亚科。本文记述该亚科 12 属 40 种，其中包括 8 新种。

属 检 索 表

1. 触角比头部长 ·· **2**
   触角最多与头部等长，或较短 ·· **3**
2. 触角位于头的下部 4/5 处；头部和胸部鬃白色 ············ 沙剑虻属 *Ammothereva*
   触角大致位于头的中部 ······································· 长角剑虻属 *Euphycus*
3. 中足基节后面无毛；触角端刺很细，位于第 3 节末端的凹窝中 ············ **4**
   中足基节后面有毛；触角端刺粗，位于第 3 节最末端 ···················· **5**
4. 2 对翅上鬃；2 对小盾鬃；雄性复眼上半的小眼大 ······ 环剑虻属 *Procyclotelus*
   1 对翅上鬃；1 对小盾鬃；雄性复眼的小眼等大 ········ 突颊剑虻属 *Bugulaverpa*
5. 前胸腹板仅两侧有毛，中部无毛 ·· **6**
   前胸腹板全有毛 ··· **8**
6. 雄性外生殖器不明显突出，被粉 ···················· 开尾剑虻属 *Pandivirilia*
   雄性外生殖器显著突出，亮黑色 ··· **7**
7. 腹侧片无毛 ··· 斑翅剑虻属 *Hoplosathe*
   腹侧片有毛 ··· 亮丽剑虻属 *Psilocephala*
8. 触角第 1 节显著加粗膨大，比第 3 节明显粗 ········ 粗柄剑虻属 *Dialineura*
   触角第 1 节弱加粗或不加粗，最多稍比第 3 节粗 ······················ **9**
9. 头部额和颜被浓密的毛 ··································· 剑虻属 *Thereva*
   头部额和颜无毛或毛很稀疏；胸部和腹部有白毛 ······················ **10**
10. 平衡棒端部浅褐色或黄褐色；雄性阳茎有后侧突，腹突大 ······ 裸颜剑虻属 *Acrosathe*
    平衡棒端部暗褐色；雄性阳茎无后侧突，腹突小且棒状 ······ 欧文剑虻属 *Irwiniella*

4. 裸颜剑虻属 *Acrosathe* Irwin *et* Lyneborg, 1981

Acrosathe Irwin *et* Lyneborg, 1981. Bull. Ill. Nat. Hist. Surv. 32 (3)：223. Type species：*Bibio annulata* Fabricius, 1805.

属征 雄性复眼在额上几乎相接。雌性额比前单眼宽 1.3~2.4 倍。雄性额被白色长毛；雌性下额被绒毛和粉，绒毛银灰色，毛稻草色；雌性上额被粉，通常有暗黑色区域，绒毛褐色至棕灰色，毛褐色或黑色；颊被白色长毛。触角柄节细，长为第 1 鞭节 0.8~1.0 倍；端刺 2 节，位于第 1 鞭节末端并有 1 根微小的刺。下颚须 1 节。有些种的雄性中胸背板被直立的毛；而其余雄性和所有雌性的中胸背板毛分成 2 种情况：一种被长到中长的直立毛，另一种被短的鳞状伏毛；前胸腹板沟被长毛。背侧鬃 3~4 对，翅上鬃 1~2 对，翅后鬃 1 对，背中鬃 1~2 对，小盾鬃 2 对。前足基节前面有 2~3 根端鬃；中足基节后面被白毛；后足股节有 6~8 根强的前腹鬃。翅透明，带灰色，有些种横脉缘带褐色；翅痣浅褐色；翅室 m_3 闭合，末端有短柄，但有时开放。腹部中等粗，从第 2 腹节起向后逐渐变窄，不缩叠；两性背板有些平；雄性背板全部被银白至灰色的绒毛和粉；雌性背板在大部分种中至少在第 2~4 背板有深色的前横带；而有些种完全被灰色绒毛。雄性第 8 背板大，较第 9 背板宽；第 8 腹板梯形，后缘有半圆形中凹缺；第 9 背板后侧角平截或尖锐；端阳茎基部有 2 个侧突。

讨论 裸颜剑虻属 *Acrosathe* 分布在古北区、新北区和东洋区。该属全世界已知 25 种，我国已知 5 种。

种 检 索 表

1.　前足股节有前腹鬃 ··· 2
　　前足股节无前腹鬃 ··· 3
2.　额被白色长毛 ·· 环裸颜剑虻 *A. annulata*
　　额每边有 1 根黑毛；前足股节有 1 根前腹鬃，中足股节无前腹鬃
　　·· 毛裸颜剑虻 *A. singularis*
3.　阳茎侧突显著短于端阳茎 ································ 过时裸颜剑虻 *A. obsoleta*
　　阳茎侧突长，与端阳茎等长 ··· 4
4.　额每边被 1 根白毛；后足股节有 2~3 根前腹鬃 ·········· 银裸颜剑虻 *A. argentea*
　　额每边被 5 根白毛；后足股节有 4~5 根前腹鬃 ·········· 白毛裸颜剑虻 *A. pallipilosa*

（7）环裸颜剑虻 *Acrosathe annulata*（Fabricius, 1805）（图 11；图版 8）

Bibio anilis Fabricius, 1805. Systema antliatorum secundum ordinis, genera, species. 68. Type locality：Sweden.

Acrosathe annulata：Lyneborg, 1986. Steenstrupia 12（6）：109.

雄　头部黑色，被白粉。头上的毛白色；每边各有 4 根黑色上眼后鬃，近中部各有 3 根黑鬃；单眼瘤有多根浅黑长毛；额每边被多根长白毛。触角黑色；柄节和梗节被少数黑鬃或毛以及多数白毛；端刺相当短。喙黑色，被白毛；下颚须黑色，被白毛。

胸部黑色，被白粉。胸部的毛长，浓密且为白色；胸部粗鬃黑色。背侧鬃 3 对，翅上鬃 2 对，翅后鬃 1 对，背中鬃 2 对，小盾鬃 2 对。足黑色；胫节和第一跗节黄色，但末端均暗褐色。足上的毛白色，鬃黑色；基节被白色长毛；股节部分被鳞状伏毛，胫节和跗节被黑毛。股节有明显的鬃；前足腿节有 3~4 根前腹鬃，中足腿节有 3 根前腹鬃，后足股节有 5~6 根前腹鬃。前足胫节有前背鬃 3 根，后背鬃 4 根，后腹鬃 4 根；中足胫节有前背鬃 3 根，后背鬃 4 根，前腹鬃 3 根，后腹鬃 2~3 根；后足胫节有前背鬃 5 根，后背鬃 9 根，前腹鬃 7 根，后腹鬃 7~8 根。翅透明；翅痣窄且长，黄色；翅脉褐色。平衡棒暗褐色，端部黄色。

腹部黑色，被灰白粉。腹部的毛白色；背板被浓密而有些倒伏的长毛；腹板被一些稀疏的毛；下生殖板的毛部分黑色。

雄性外生殖器：第 8 腹板后缘有 U 形深凹缺。第 9 背板中线略短于最宽处，后侧角较尖锐。腹叶很粗，与阳茎腹突连接。生殖刺突细。阳茎侧面观：端阳茎轻度弯曲，相对长，末端逐渐变细；侧突宽于端阳茎基部，末端伸出方向偏离于端阳茎；侧突和端阳茎间有明显的沟；阳茎背突与腹面突等长；背面突相当平，其前缘背向弯曲；腹面突形成深槽；射精突轴形。阳茎背面观：端阳茎基部宽而末端细；侧突几乎两边平行或末端轻微变宽，几乎与端阳茎基部等宽，大致从端阳茎岔开；阳茎背突和腹面突基部几乎等宽；背面突向凹缺的前缘逐渐变宽；腹面突两边更趋近于平行，前缘钝圆。

雌　大部分雌性特征和雄性近似。

分布　山东；匈牙利，法国，德国，荷兰，比利时，捷克，斯洛伐克，奥地利，瑞士，意大利，英国，瑞典，芬兰，挪威，丹麦，南斯拉夫，阿尔巴尼亚，希腊，罗马尼

亚，俄罗斯。

讨论　该种在欧洲广泛分布，额被极长的白毛，前足和中足股节各有 2~3 根前腹鬃。

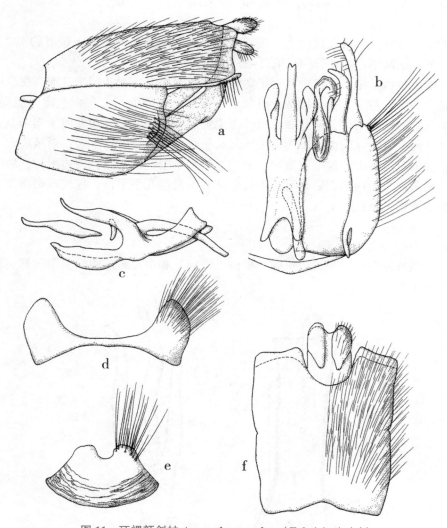

图 11　环裸颜剑虻 *Acrosathe annulata*（Fabricius）（♂）

a. 外生殖器，侧视（genitalia, lateral view）；b. 生殖体，侧视（genital capsule, lateral view）；

c. 阳茎，侧视（phallus, lateral view）；d. 第 8 背板（tergite 8）；

e. 第 8 腹板（sternite 8）；f. 第 9 背板和尾须（tergite 9 and cerci）。

据 Lyneborg, 1986 重绘。

（8）银裸颜剑虻 *Acrosathe argentea*（Kröber，1912）（图 12）

Psilocephala argentea Kröber，1912. Dtsch. Ent. Z. 1912：128. Type locality：China：Taiwan.
Acrosathe argentea：Lyneborg，1986. Steenstrupia 12（6）：106.

雄　体长 7.5 mm。

侧颜窄。额每边仅被 1 根白毛；侧颜无毛。触角柄节长约为第 1 鞭节的 1/2。前足和中足股节无前腹鬃；后足股节仅有 2~3 根短的前腹鬃。

雄性外生殖器：第 9 背板中线短于宽，后侧角圆而窄。腹叶较长且细，腹缘简单且无明显直立的翼，与阳茎的连接部分膜状且松散。阳茎侧面观：端阳茎略微腹向弯曲，末端逐渐变窄；侧突略微背向弯曲，很长距离宽度相等，伸出方向偏离于端阳茎；侧突和端阳茎之间没有明显的沟；阳茎背突明显长于腹面突，二者皆平展；射精突细。阳茎背面观：端阳茎短且细，仅略微变窄；侧突 2 倍于端阳茎，弯曲，两边平行，后缘斜切且形成尖锐的内角；内角近后缘有小齿；阳茎背突两边几乎平行，仅前端略微变宽；腹面突比背面突略宽且两边平行。

雌　未知。

分布　中国台湾（花莲）。

讨论　该种体小型；额每边仅被 1 根白毛，前足和中足无前腹鬃，阳茎侧突后缘斜切且内缘有小齿。

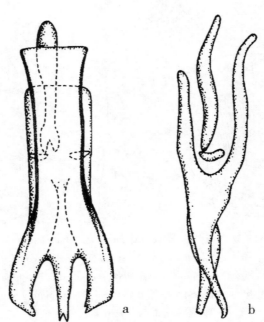

图 12　银裸颜剑虻 *Acrosathe argentea*（Kröber）（♂）

a. 阳茎，背视（phallus, dorsal view）；b. 阳茎，侧视（phallus, lateral view）。

据 Lyneborg，1986 重绘。

（9）过时裸颜剑虻 *Acrosathe obsoleta* Lyneborg, 1986 （图 13）

Acrosathe obsoleta Lyneborg, 1986. Steenstrupia 12 （6）：108. Type locality：China：Zhejiang, Tianmushan.

雄　头部高，上平面显著扩大。额每边被 8~10 根白色短毛；侧颜无毛。触角长且细，柄节长约为第 1 鞭节 0.6 倍。前足和中足股节无前腹鬃；后足股节有 4~6 根前腹鬃。

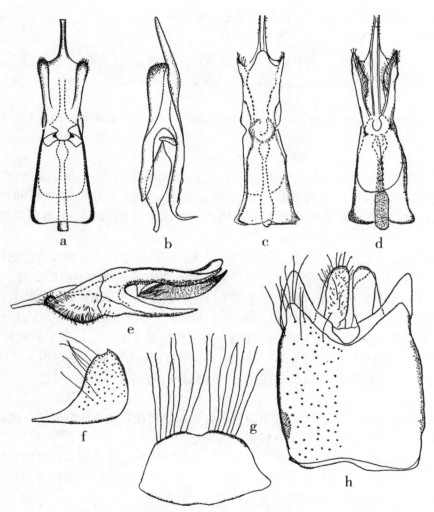

图 13　过时裸颜剑虻 *Acrosathe obsoleta* Lyneborg （♂）

a, c. 阳茎，背视（phallus, dorsal view）；b, e. 阳茎，侧视（phallus, lateral view）；
d. 阳茎，腹视（phallus, ventral view）；f. 第 8 背板侧部（lateral part of tergite 8）；
g. 第 8 腹板（sternite 8）；h. 生殖背板和尾须（epandrium and cerci）。
a–b 据 Lyneborg, 1986, c–h 据 Nagatomi & Lyneborg, 1988 重绘。

雄性外生殖器：第 8 腹板后缘浅凹缺，且被 1 对粗壮的鬃。第 9 背板中线短于宽，比例约为 2∶3，后侧角窄而圆。腹叶细且简单，腹缘既无褶皱也无毛，且无明显的前翼。阳茎侧面观：端阳茎仅轻度弯曲且逐渐变细形成一个窄末端；侧突退化，仅呈圆瘤状被短毛；阳茎背突长于腹面突，前缘背向弯曲，背面起伏；射精突粗。阳茎背面观：端阳茎短，突然变细成等宽的细管状；侧突完全和端阳茎基部融合；背突逐渐向前端变宽；腹面突等宽，基部等宽于背面突。

雌　未知。

分布　浙江（天目山）；日本，俄罗斯。

讨论　该种额每边被 8~10 根白色短毛，前足和中足无前腹鬃，阳茎背突宽大且逐渐向前端变宽，阳茎侧突退化，侧面观平截。

（10）白毛裸颜剑虻 *Acrosathe pallipilosa* Yang, Zhang *et* An, 2003（图 14；图版 9）

Acrosathe pallipilosa Yang, Zhang *et* An, 2003. Acta Zootaxon. Sin. 28 (3)∶547. Type locality∶China∶Tianjin.

雄　体长 6.5~8.1 mm，翅长 5.9~6.0 mm。

头部黑色，被白粉。头上的毛白色；每边有 4 根眼后鬃；单眼瘤部分被黑毛；额每边被 5 根白毛（长于柄节的 1/2）。触角黑色；柄节和梗节被黑色和白毛；端刺相当短。喙黑色，被相当短的黑毛，但基部腹面被白色长毛；下颚须黑色，被白色长毛。

胸部黑色，被白粉；背板有 2 条灰白色纵带。胸部的毛长，浓密且为白色；胸部粗鬃黑色。背侧鬃 3 对，翅上鬃 2 对，翅后鬃 1 对，背中鬃 1 对，小盾鬃 2 对。足黑色；胫节和第 1 跗节黄色除末端深色。足上的毛白色，但鬃黑色；基节被白色长毛；股节部分被鳞状伏毛，胫节和跗节被黑毛。前足和中足股节无明显的鬃；后足股节有前腹鬃 4~5 根。前足胫节有前背鬃 3 根，后背鬃 3 根，后腹鬃 3 根；中足胫节有前背鬃 4 根，后背鬃 4 根，前腹鬃 3 根，后腹鬃 2 根；后足胫节有前背鬃 5 根，后背鬃 10~11 根，前腹鬃 8~9 根，后腹鬃 8~11 根。翅透明；翅痣窄且长，黄色；翅脉褐色。平衡棒端部黄色。

腹部黑色，被灰白粉。腹部的毛白色；背板被浓密而有些倒伏的长毛，侧面的毛倒伏；腹板被一些稀疏的毛；下生殖板被一些黑毛。

雄性外生殖器：第 9 背板显著长于宽，末端明显凹缺，有钝圆的后侧缘。尾须有些长且粗，末端钝圆。生殖基节外突短，内突长。生殖刺突长且轻微向内弯曲。端阳茎和阳茎侧突等长，且端阳茎管状，侧突基部粗且末端尖锐。

雌　未知。

观察标本　正模 ♂，天津，1975. Ⅵ. 23（CAU）。1 ♂，河北涿县，1965. Ⅷ. 11，李法圣（CAU）；1 ♂，北京门头沟，1960. Ⅶ. 28，李法圣（CAU）；1 ♂，北京清水，1962. Ⅴ. 19，赵又新（CAU）。

分布　天津、北京（门头沟、清水）、河北（涿县）。

讨论　该种体大致被浓密的白色长毛，额每边被 5 根白毛，前足和中足无前腹鬃，后足有 4~5 根前腹鬃。

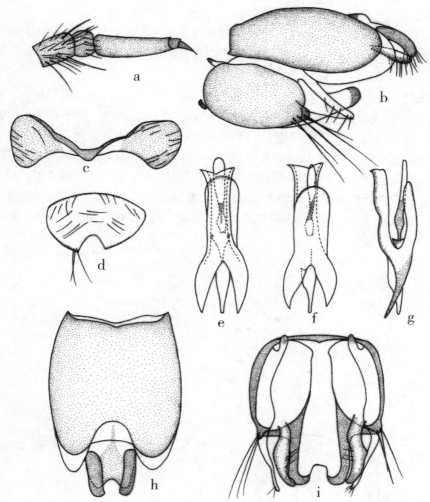

图 14　白毛裸颜剑虻 *Acrosathe pallipilosa* Yang，Zhang *et* An（♂）

a. 触角（antenna）；b. 外生殖器，侧视（genitalia，lateral view）；

c. 第 8 背板（tergite 8）；d. 第 8 腹板（sternite 8）；e-g. 阳茎，背视、腹视和侧视（phallus，
dorsal，ventral and lateral views）；h. 第 9 背板和尾须（tergite 9 and cerci）；

i. 生殖体，背视（genital capsule，dorsal veiw）。

（11）独毛裸颜剑虻 *Acrosathe singularis* Yang，2002（图 15；图版 10）

Acrosathe singularis Yang，2002. Forest Insects of Hainan：744. Type locality：China：Hainan.

雄 体长 7.9 mm，翅长 6.9 mm。

头部黑色，有白粉。额下部两侧各有 1 根黑毛，长约为柄节的 1/2；后头有白毛，上部有少数黑鬃，下部毛长而密。触角柄节和梗节黑色，有白粉，其余部分暗褐色。触角比率：2.5：1.0：4.8：1.4。喙暗褐色，稀有浅褐毛，基部腹面有长白毛；下颚须黑色，有许多长白毛。

胸部黑色，有白粉。毛白色，中胸背板前半部有少数黑毛；胸部粗鬃黑色。背侧鬃 3 对，翅上鬃 2 对，翅后鬃 1 对，背中鬃 0 对，小盾鬃 2 对。足黑色，胫节和基跗节黄色（除末端褐色外）。足上毛和鬃黑色，基节有白毛，股节有白色鳞状毛和直毛。前足股节有前腹鬃 1 根，中足股节无前腹鬃，后足股节有前腹鬃 4 根。前足胫节有前背鬃 3 根，后背鬃 3 根，后腹鬃 3 根；中足胫节有前背鬃 4 根，后背鬃 4 根，前腹鬃 4 根，后腹鬃 4 根；后足胫节有前背鬃 9 根，后背鬃 8~9 根，前腹鬃 7~8 根，后腹鬃 15 根。翅白色透明，翅痣浅褐色；翅脉黄褐色，翅室 m_3 和 cup 闭合。平衡棒暗褐色，棒端（除基部外）黄色。

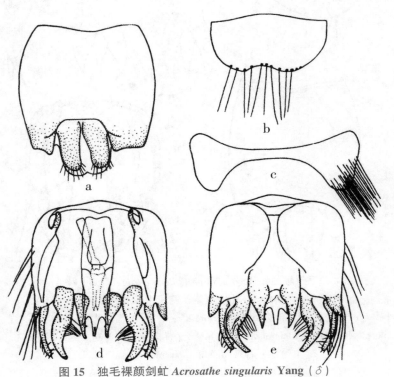

图 15 独毛裸颜剑虻 *Acrosathe singularis* Yang（♂）

a. 第 9 背板和尾须（tergite 9 and cerci）；b. 第 8 背板（tergite 8）；
c. 第 8 腹板（sternite 8）；d. 生殖体，背视（genital capsule，dorsal view）；
e. 生殖体，腹视（genital capsle，ventral view）。

腹部黑色，有灰白粉，第 2~3 背板基部两侧暗褐色。毛白色，但第 4 背板后侧区有黑毛。

雄性外生殖器：第 8 腹板后缘稍凹缺。腹端尾须较粗，阳茎较狭长，侧突短而尖。

雌　未知。

观察标本　正模 ♂，海南，1934. Ⅶ. 10（CAU）。

分布　海南。

讨论　该种额下部两侧各有 1 根黑毛，长约为柄节的 1/2，背中鬃 0 对，前足股节有前腹鬃 1 根，中足股节无前腹鬃，阳茎较狭长，侧突短而尖。

5. 沙剑虻属 *Ammothereva* Lyneborg, 1984

Ammothereva Lyneborg, 1984. Steenstrupia 10（7）：205. Type species：*Psilocephala gussakovskyi* Zaitzev, 1973.

属征　雄性复眼几乎相接，或分开为前单眼的 3 倍。雌性额宽多变，全部被粉，无明显不同颜色的标记或胛。触角位置很低；第 1 鞭节通常较柄节宽；端刺有 2 节。胸部粗鬃通常为白色。前足和后足股节通常有一些前腹鬃。雄性外生殖器：第 8 背板中部长条形；生殖基节内突缺失；生殖基节延长；端阳茎通常非常细长，强烈弯曲。

讨论　沙剑虻属 *Ammothereva* 仅分布在古北区，已知 16 种，我国有 3 种。

种 检 索 表

1.	复眼在额上相接或几乎相接，间距为前单眼宽的 1/2 ·········	**2**
	复眼在额上分开，间距为前单眼宽的 3 倍 ·········	短沙剑虻 *A. brevis*
2.	中胸粗鬃黑色 ·········	裸额沙剑虻 *A. nuda*
	中胸粗鬃白色 ·········	黄足沙剑虻 *A. flavifemorata*

（12）短沙剑虻 *Ammothereva brevis* Liu, Gaimari *et* Yang, 2012（图 16，17；图版 11 a）

Ammothereva brevis Liu, Gaimari *et* Yang, 2012. Zootaxa 3566：8. Type locality：China：Ningxia.

雄　体长 8.5 mm，翅长 6.2 mm。

头部黑色，被密的灰白粉，但下额褐色；额前 1/3 被橘黄粉。单眼瘤、额、颊和后头被鳞状白毛；上后头无眼后鬃；侧颜无毛。复眼在额上分开的距离是前单眼宽的 3 倍。触角被密的灰白粉；柄节和梗节被鳞状白毛；柄节强烈伸长，基部橘黄色，端部深褐色；梗节桶形，深褐色；鞭节残缺；触角比率：4.1：1.0。喙黄色，有大唇瓣，被褐色毛；下颚须被黄色鳞状毛。

胸部被密的灰白粉；背板黑色，侧板底色褐色；前胸腹板黄色；中胸背板有 2 条被窄灰带分开的褐色宽带。背侧鬃 5 对，翅上鬃 2 对，翅后鬃 1 对，背中鬃 2 对，小盾鬃 2 对。足黄褐色，但胫节末端和跗节深褐色，基节到股节被灰白粉，爪垫黄色。基节到股节被白毛，基节到胫节基部的鬃浅黄色，胫节末端到跗节的鬃深褐色。前足基节有前鬃 1 根，前腹鬃 1 根；中足基节有前鬃 2 根；后足基节有前鬃 3~4 根，背鬃 1 根。前足股节有前腹鬃 4 根；中足股节有前腹鬃 3 根。前足胫节有前背鬃 4 根，后腹鬃 5 根；中足胫节有前背鬃 4 根，后背鬃 3 根，前腹鬃 5 根，后腹鬃 5 根，端鬃 5 根。后足大部残缺。翅透明，带棕黄色；翅痣非常窄，黄色，位于 R_1 脉末端；翅脉黄色，但末端褐色；翅室 m_3 闭合，末端有短柄。平衡棒黄色。

腹部黄色，被灰白粉，但背板基部深褐色。背板被浓密的白色绒毛，腹板被稀疏的黄毛。尾器被浓密的浅褐色毛。

雄性外生殖器：第 9 背板延长，长为宽的 1.2 倍，后缘凹缺，后侧缘有宽圆突。肛下板后缘有半圆形中凹缺；肛下板末端几乎和尾须等长。尾须卵形。第 9 腹板短。生殖基节宽，末端形成分二叉的生殖基节外突。生殖刺突很长，长几乎为宽的 9 倍。阳茎背突宽；腹面突短且窄；射精侧突明显与背腹突分离；端阳茎短，腹向弯曲。

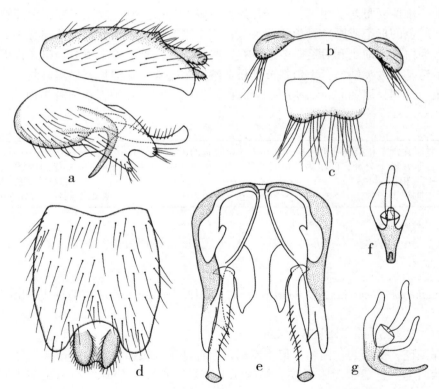

图 16　短沙剑虻 *Ammothereva brevis* Liu, Gaimari *et* Yang（♂）

a. 外生殖器，侧视（genitalia, lateral view）；b. 第 8 背板（tergite 8）；
c. 第 8 腹板（sternite 8）；d. 第 9 背板（tergite 9）；e. 生殖体，背视（genital capsule, dorsal view）；
f–g. 阳茎，腹视和侧视（phallus, ventral and lateral views）。

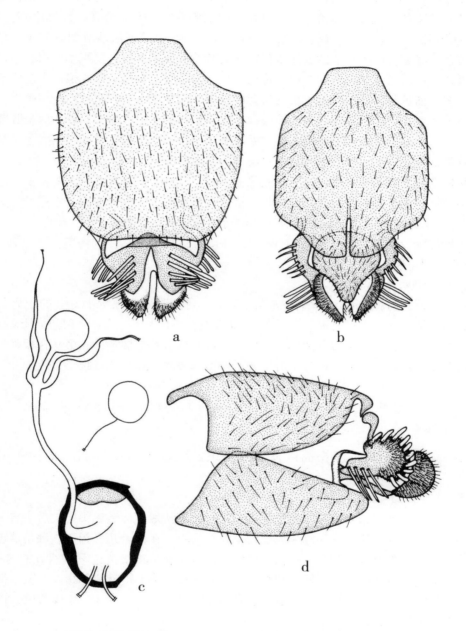

图 17　短沙剑虻 *Ammothereva brevis* Liu，Gaimari *et* Yang（♀）

a，b，d. 外生殖器，背视，腹视和侧视（genitalia, dorsal, ventral and lateral views）；

c. 内生殖器（internal reproductive organs）。

雌 体长 11.7 mm，翅长 7.0 m。大部分特征与雄性近似，但有以下区别：复眼在额上分开的距离是前单眼宽的 5 倍。触角鬃较雄性短；鞭节残缺；触角比率：4.8∶1.0。喙黄色，被黄毛；下颚须黄色，被黄色长毛。足上的鬃从基节到股节包括胫节腹面浅黄色；胫节背面到跗节的鬃深褐色。前足基节有前鬃 1 根，前腹鬃 1 根；中足基节有前鬃 3 根；后足基节有前鬃 3 根，背鬃 1 根。前足股节有前腹鬃 4 根；中足股节有前腹鬃 2 根。前足胫节有前背鬃 4 根，后背鬃 3 根，后腹鬃 4~5 根，端鬃 2~3 根；中足胫节有前背鬃 5 根，后背鬃 3 根，前腹鬃 4 根，后腹鬃 5 根，端鬃 5 根；后足胫节有前背鬃 3 根，后背鬃 2 根，前腹鬃 4 根，后腹鬃 4 根，端鬃 7 根。腹部腹板黑色，被灰白粉。背板的鳞状白毛较雄性短和稀疏；腹部的白毛稀疏。

雌性生殖器：第 8 腹板相当大，后缘有凹缺。第 10 背板刺状鬃末端尖锐。尾须侧面观半圆形，但背面和腹面观略微伸长。肛下板基部圆形，端部变窄。生殖叉长为宽的 1.3 倍，前段有生殖叉泡。附腺管分开。储精囊相对小，受精囊 2 个，球形。

观察标本 正模 ♂，宁夏泾河源（1 940 m），1980.Ⅶ.13，杨集昆（CAU）。副模：1♀，同正模。

分布 宁夏（泾河源）。

讨论 该种与 *Ammothereva salentioides* 近似，特别是复眼在额上分开的距离是前单眼的 3 倍；触角柄节极度伸长；上后头一致被毛，无眼后鬃；第 9 背板后侧缘有宽圆突；生殖基节外突大，末端分两叉。但该种前额和柄节基部橘黄色；第 9 背板延长，长为宽的 1.2 倍；阳茎背突明显短于射精突；射精侧突明显和阳茎背腹突分开。

（13）黄足沙剑虻 *Ammothereva flavifemorata* Liu，Gaimari *et* Yang，2012 （图 18；图版 11 b-e）

Ammothereva nuda Liu，Gaimari *et* Yang，2012. Zootaxa 3566：6. Type locality：China：Gansu.

雄 体长 4.2~6.5 mm，翅长 3.8~5.5 mm。

头部黑色，被密的灰白粉；额被浅褐色粉。白毛从颊延伸至后头，上后头有一些浅黄色的眼后鬃；单眼瘤、额和侧颜无毛。复眼红褐色，在额上几乎相接。触角黄色，被灰白粉，但第 1 鞭节末端和全部端刺深褐色；柄节和梗节被浅黄色毛，柄节末端和第 1 鞭节基部被少许粗壮的黑鬃；柄节圆锥形；梗节卵形；第 1 鞭节基部膨大，宽于柄节和梗节；端刺末端有 1 根微小的刺；触角比率：2.3∶1.0∶4.3∶1.1。喙浅黄色，被黄色短毛；下颚须浅黄色，被白毛。

胸部黑色，被浓密的白粉。背板边缘和侧板被白毛，前胸腹板无毛；胸部粗鬃浅黄色。前背鬃 3 对，翅上鬃 2 对，翅后鬃 1 对，背中鬃 1 对，小盾鬃 2 对。足全部为黄色；爪垫黄色。基节和股节被白毛和浅黄色的鬃，但少许位于股节末端的鬃黑色；中足基节后面无毛；胫节被黄鬃，混合少许黑色的鬃；跗节被黑鬃。前足基节有前鬃 1 根，前腹鬃 1 根；中足基节有前鬃 2 根；后足基节有前鬃 1~3 根，背鬃 1 根。前足股节有前腹鬃 1 根；中足股节有前腹鬃 1 根，后腹鬃 2 根；后足股节有前腹鬃 3~4 根，后腹鬃 1 根。前足胫节有前背鬃 1~2 根，后背鬃 0~3 根，后腹鬃 3~4 根，端鬃 5~6 根；中足胫节有前背鬃 3 根，后背鬃 2 根，前腹鬃 2 根，后腹鬃 3~4 根，端鬃 5~6 根；后足胫节有前背鬃 8 根，后背鬃 5~7 根，前腹鬃 6~8 根，后腹鬃 4~5 根，端鬃 8~9 根。翅透明，带黄色；翅痣非常窄，黄色，位于 R_1 脉末端；翅脉褐色；翅室 m_3 闭合，末端有短柄。平衡棒柄部黄色，端部浅黄色。

腹部被灰白粉，且被白毛；腹部背板黑色，但每节背板后角黄色；腹板黄色，但每节腹板基部黑色，每节腹板后缘浅黄色。

雄性外生殖器：第 9 背板长宽相等，基缘和端缘各有 1 个三角形中凹缺。肛下板后缘有 1 个小的中凹缺；肛下板末端几乎与尾须等长。第 9 腹板窄。生殖基节向后逐渐变窄形成短的生殖基节外突。生殖刺突很长，长是宽的近乎 8 倍。阳茎背突窄；射精侧突窄；端阳茎腹向弯曲。

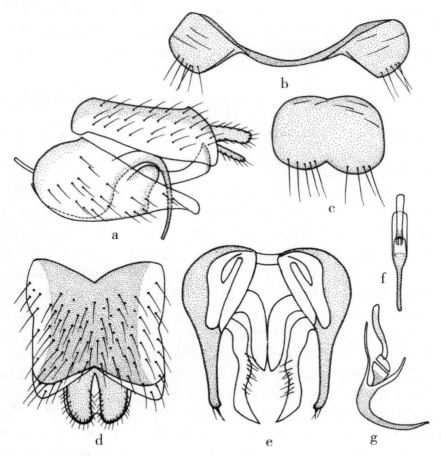

图 18　黄足沙剑虻 *Ammothereva flavifemorata* Liu，Gaimari *et* Yang（♂）

a. 外生殖器，侧视（genitalia, lateral view）；b. 第 8 背板（tergite 8）；c. 第 8 腹板（sternite 8）；

d. 第 9 背板（tergite 9）；e. 生殖体，背视（genital capsule, dorsal view）；

f-g. 阳茎，腹视和侧视（phallus, ventral and lateral views）。

雌 体长 6.5~7.7 mm，翅长 4.0~5.4 mm。大部分特征与雄性近似，但有以下区别：额明显为褐色，被稀薄的灰白粉。额宽为前单眼宽的 5 倍。触角比率：2.2∶1.0∶4.0∶1.3。中足股节有后腹鬃 2 根；后足股节有前腹鬃 3 根，后腹鬃 2 根。前足胫节有前背鬃 2 根，后背鬃 3 根，后腹鬃 3 根，端鬃 6 根；中足胫节有前背鬃 3 根，后背鬃 2 根，前腹鬃 3 根，后腹鬃 3 根，端鬃 4 根；后足胫节有前背鬃 10 根，后背鬃 5 根，前腹鬃 10 根，后腹鬃 4 根，端鬃 4 根。腹部除背板中间有 1 条深褐色窄带，全部为黄色。

观察标本 正模 ♂，甘肃肃南喇嘛坪（2 158 m），2011. V.6，张晓（CAU）。副模：1♀，北京天坛，1950. Ⅶ.14，杨集昆（CAU）；1♂，1♀，宁夏贺兰山，1980. Ⅶ.21，杨集昆（CAU）；1♀，内蒙古东胜，2006. Ⅷ.7，盛茂领（CAU）；1♂，甘肃肃南喇嘛坪（2 158 m），2011. V.6，朱雅君（CAU）。

分布 北京（天坛）、甘肃（肃南）、宁夏（贺兰山）、内蒙古（东胜）。

讨论 该种与 *Ammothereva laticornis*（Loew）非常近似，特别是外观、生殖基节侧面观，甚至是阳茎。但该种第 9 背板长宽相等，两边平行，且两端明显各有 1 个浅凹缺；肛下板和尾须等长；射精侧突窄，没有伸过阳茎背突边缘。

（14）裸额沙剑虻 *Ammothereva nuda* Liu, Gaimari *et* Yang, 2012（图 19；图版 12）

Ammothereva nuda Liu, Gaimari *et* Yang, 2012. Zootaxa 3566：4. Type locality：China：Inner Mongolia.

雄 体长 9.2 mm，翅长 6.4 mm。

头部黑色，被密的灰白粉；额被浓密的银粉，上额浅褐色。白毛从颊延伸至后头，上后头有一些黑色的眼后鬃；单眼瘤、额和侧颜无毛。复眼红褐色，在额上方几乎相接。触角黄色，被灰白粉；柄节上的黑鬃粗，少许非常粗，但梗节和第 1 鞭节基部的鬃短而细；柄节圆锥形；梗节卵形；第 1 鞭节基部粗大且宽于柄节和梗节；端刺末端有 1 根微小的刺；触角比率：1.3∶1.0∶5.0∶0.9。喙棕黄色，被棕毛；下颚须黄色，被黄毛。

胸部黑色，被密的灰白粉；中胸背板有 2 条浅黄宽带。背板和侧板几乎无毛，仅被稀疏的白色短毛；前胸腹板无毛；胸部粗鬃黑色。前背鬃 3 对，翅上鬃 2 对，翅后鬃 1 对，背中鬃 1 对，小盾鬃 2 对。足基节和转节黄色，被灰白粉；后足股节黄色，后足胫节黄色且末端深褐色，后足第 1 跗节黄色且末端深褐色，其余后足跗节深褐色，后足爪垫深褐色（前足和中足缺失）。基节和转节被白毛和黄鬃，中足基节后面无毛；后足股节、胫节和跗节被黑鬃。前足基节有前鬃 1 根，前腹鬃 1 根；中足基节有前鬃 2 根；后足基节有前鬃 3~4 根，背鬃 1 根。后足股节有前腹鬃 5 根，后腹鬃 3 根。后足胫节有前背鬃 14 根，后背鬃 9 根，前腹鬃 8 根，后腹鬃 6 根，端鬃 5 根。翅透明，带黄色；翅痣非常窄，褐色，位于 R_1 脉末端；翅脉基半部黄色，端半部褐色；翅室 m_3 闭合，末端有短柄。平衡棒柄部基半部褐色，端半部变黄，端部黄色。

腹部黄色，被灰白粉，但第 3~7 腹节基部深褐色；腹部被稀疏的黄色短毛，混合黑色的短伏毛；第 2~3 背板各有 1 个深褐色的中圆点斑。尾器黄色。

雄性外生殖器：第 9 背板长宽相等，有明显的后侧缘，中部有 1 个深褐色铃形斑。

肛下板后缘浅凹缺，末端比尾须略长。第 9 腹板短。生殖基节有长且窄的生殖基节外突；腹叶三角形。生殖刺突伸长，长为宽的 3 倍。阳茎鞘背面突宽，宽于腹面突 5 倍；腹面突短且窄；端阳茎长且向腹面弯曲。

　　雌　未知。

　　观察标本　正模 ♂，内蒙古阿拉善贺兰山，2010. Ⅶ. 30，王丽华（CAU）。

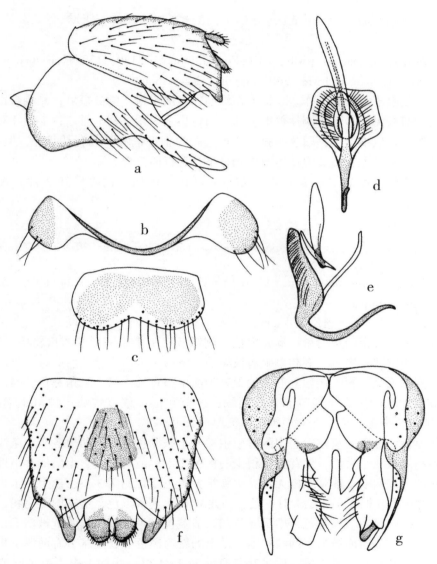

图 19　裸额沙剑虻 *Ammothereva nuda* Liu, Gaimari *et* Yang（♂）

a. 外生殖器，侧视（genitalia, lateral view）；b. 第 8 背板（tergite 8）；c. 第 8 腹板（sternite 8）；

d–e. 阳茎，腹视和侧视（phallus, ventral and lateral views）；

f. 第 9 背板和尾须（tergite 9 and cerci）；g. 生殖体，背视（genital capsule, dorsal view）。

45

分布　内蒙古（贺兰山）。

讨论　该种与明亮沙剑虻 *Ammothereva splendida*（Kröber）近似，特别是触角鬃黑色，中胸粗鬃黑色，阳茎背突较宽。但该种额无毛无鬃；后足股节黄色；腹部第 2～3 背板各有 1 个深褐色中点斑；第 9 背板长宽相等；生殖基节外突明显变窄；端阳茎直接向下弯。

6. 突颊剑虻属 *Bugulaverpa* Gaimari *et* Irwin，2000

Bugulaverpa Gaimari *et* Irwin，2000. Zool. J. Linn. Soc. 129：179. Type species：*Bugulaverpa rebeccae* Gaimari *et* Irwin，2000（original designation）。

属征　复眼小眼大小一样。颊扩大。雄性的额被银粉，侧被短毛；侧颜被银粉，但无毛。前胸腹板无毛。下前侧片仅上半部被白色短毛。翅上鬃 1 对，背中鬃 0 对，小盾鬃 1 对。雄性外生殖器小，阳茎背腹突平行且距离很近；端阳茎有基背叶，但末端短。雌性生殖器生殖叉无生殖叉泡；生殖叉侧缘平，且背向折叠。

讨论　突颊剑虻属 *Bugulaverpa* 分布在东洋区。该属全世界已知 2 种，我国分布 1 种。

（15）海南突颊剑虻 *Bugulaverpa hainanensis* Liu，Li *et* Yang，2012（图 20；图版 13）

Bugulaverpa hainanensis Liu，Li *et* Yang，2012. Entomotaxon. 34（3）：552. Type locality：China：Hainan.

雌　体长 9.5 mm，翅长 6.4 mm。

头部黑色，被密的灰白粉；额亮黑色，侧缘各有 1 个半圆形的灰白粉斑；颊黑色，且扩大；后头中部亮黑色。颊和单眼瘤被黑毛，下后头被白毛，上后头有 1 排黑色眼后鬃；额和侧颜无毛。复眼在额上分开的距离为前单眼宽的 3 倍。触角黑色，被白粉；柄节和梗节被短细的黑鬃；柄节非常长而细；梗节卵形；鞭节残缺；触角比率：8.5：1.0。喙黑色，被褐色毛；下颚须黑色，被黑色长毛。

胸部黑色，被密的灰白粉；中胸背板中部有 1 条深色宽带，两边各有 1 条浅灰色窄带。背板和侧板几乎无毛，仅背板被很少的褐色短毛；前胸侧板、上前侧片下部和下前侧片上部被少许白毛；前胸腹板无毛；中胸粗鬃黑色。背侧鬃 3 根，翅上鬃 1 根，翅后鬃 1 根，背中鬃 0 根，小盾鬃 1 对。足（后足残缺）基节黑色，被密的灰白粉；所有胫节末端黄色；前足跗节深褐色，中足胫节和跗节黄色；爪垫黄色。基节被白毛，中足基节后缘无毛；股节前面被浓密的鳞状毛；足上的鬃为黑色。前足基节有前鬃 1 根，前腹鬃 1 根；中足基节有前鬃 2 根；后足基节有前鬃 3～4 根，背鬃 1 根。前足股节有前腹鬃 3 根；中足股节无明显的鬃。前足胫节有前背鬃 4 根，后背鬃 4 根，后腹鬃 4 根，端鬃 4 根；中足胫节有前背鬃 4 根，后背鬃 3 根，前腹鬃 4 根，后腹鬃 5 根，端鬃 5～6 根。翅透明，带褐色；翅痣非常窄，深褐色，位于 R_1 脉末端；翅脉深褐色；翅室 m_3 闭合，末端有短柄。平衡棒褐色。

腹部黑色，被稀薄的灰白粉，仅第 1、2 和 5 背板和第 2 腹板的粉密；腹部被稀疏的褐色短毛，混合白毛。

雌性生殖器：第 8 背板背面观梯形；第 8 腹板腹面观梯形，末端有凹缺。尾须半圆形。生殖叉长是宽的 1.8 倍。附腺管分开。储精囊球形。

雄 未知。

观察标本 正模♀，海南五指山水满乡观山台（18°53′N，109°39′E，600 m），2007. X. 29，刘星月（CAU）。1♀，海南省，1934. Ⅳ. 17。

分布 海南（五指山）。

讨论 该种与 *Bugulaverpa rebeccae* Gaimari *et* Irwin 的区别在于，该种额几乎全部为亮黑色，侧缘各有 1 个半圆形的灰白粉斑；单眼瘤被灰白粉；胸部背板被褐色毛；中足胫节棕黄色；生殖叉前缘有 2 个明显的突起；精囊总管很长。

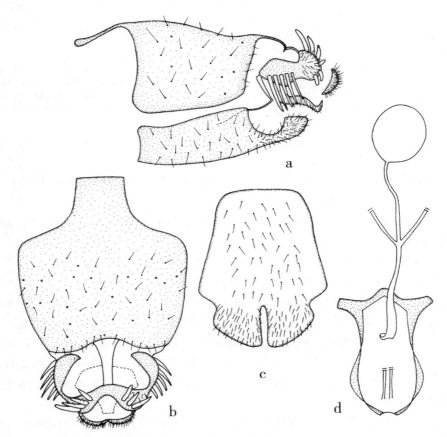

图 20 海南突颊剑虻 *Bugulaverpa hainanensis* Liu，Li *et* Yang（♀）
a-b. 外生殖器，侧视和背视（genitalia, lateral and dorsal views）；
c. 第 8 腹板（sternite 8）；d. 内生殖器（internal reproductive organs）。

7. 窄颜剑虻属 *Cliorismia* Enderlein, 1927

Cliorismia Enderlein, 1927. Stett. Ent. Ztg. 88 (2): 109. Type species: *Rhagio ardea* Fabricius, 1794 (original designation).

属征　雄性复眼在额上分开的间距窄于前单眼，小眼在腹部 1/3 处变小。触角短于头长；柄节圆柱形，与第 1 鞭节等宽或窄，有长鬃；梗节宽大于长；第 1 鞭节末端逐渐变细；端刺 2 节。侧颜被银粉，无毛；颊被白毛。后头被银粉和白毛，后头鬃 1 排且为深褐色。背侧鬃 1~5 对，翅上鬃 2~3 对，翅后鬃 1 对，背中鬃 1~2 对，小盾鬃 2 对。胸部背板和侧板被白毛。翅室 m_3 闭合且末端具短柄。雄性肛下板后缘有浅凹缺。第 9 腹板有或缺失。阳茎背突宽，腹面突不超过背面突前缘，射精突窄。

讨论　窄颜剑虻属分布在古北区、新北区和东洋区。该属全世界已知 9 种，我国已知 2 种，包括 1 种新组合和 1 新种。

种 检 索 表

| 1. | 股节全部深褐色 ··· 周氏窄颜剑虻，新种 *C. zhoui* sp. nov. |
| | 股节全部黄色 ·· 中华窄颜剑虻 *C. sinensis* |

（16）中华窄颜剑虻 *Cliorismia sinensis* (Ôuchi, 1943), comb. nov. （图 21；图版 14）

Psilocephala sinensis Ôuchi, 1943. Shanghai Sizenkagaku Kenkyusho Iho 13 (6): 477. Type locality: China: Zhejiang.

Psilocephala chekiangensis Ôuchi, 1943. Shanghai Sizenkagaku Kenkyusho Iho 13 (6): 478. Type locality: China: Zhejiang.

Irwiniella sinensis (Ôuchi, 1943): Metz *et al.* 2003. Studia Dipt. 10: 256.

雄　体长 9.2~9.7 mm，翅长 7.8~8.0 mm。

头部黑色，密被灰白粉，侧颜被明显的银色绒毛。白毛从颊延伸至后头，上后头有 1 排黑色的眼后鬃；单眼瘤、额和侧颜无毛。复眼在额上几乎相接。触角黄色，除柄节基部、第 1 鞭节末端和端刺深褐色，柄节密被灰白粉；白毛从柄节延伸至第 1 鞭节基部，柄节也被黑鬃；柄节圆柱形；梗节卵形；第 1 鞭节末端逐渐变细；端刺 2 节且位于第 1 鞭节末端，末端被有小刺。触角比率：2.2∶1.0∶4.3∶1.2。喙褐色，被短黄毛；下颚须浅黄色，被白毛。

胸部黑色，密被灰白粉；中胸背板灰色，有 2 条浅黄色窄带。背板边缘和侧板被白毛，中胸背板中部区域被棕毛；前胸腹板无毛；胸部粗鬃黑色。背侧鬃 4 对，翅上鬃 2 对，翅后鬃 1 对，背中鬃 2 对，小盾鬃 2 对。足基节和转节黑色，密被灰白粉；股节和胫节黄色，但后足股节和所有胫节末端深褐色；跗节深褐色，但第 1 跗节黄色且末端深褐色，后足第 2 跗节基部黄色；爪垫黄色。基节和股节被白色长毛，但胫节的白毛短，中足基节后面被白毛；足的鬃黑色。前足基节有前鬃 1 根，前腹鬃 1 根；中足基节有前背鬃 1 根，前腹鬃 1 根；后足基节有前鬃 5 根，背鬃 1 根。前足股节有后腹鬃 1 根；中足股节有后腹鬃 1 根；后足股节有前腹鬃 4 根，后腹鬃 2 根。前足胫节有前背鬃 4 根，后背鬃 3 根，后腹鬃 4 根，端鬃 5 根；中足胫节有前背鬃 3 根，后背鬃 3 根，前腹鬃 3~4 根，后腹鬃 4 根，端鬃 6 根；后足胫节有前背鬃 6 根，后背鬃 17 根，前腹鬃 8~9 根，后腹鬃 8 根，端鬃 6 根。翅透明，带黄色；翅痣非常窄，黄色，位于 R_1 脉末端；翅脉褐色，翅基部的脉黄色；翅室 m_3 闭合且末端具短柄。平衡棒柄部褐色，端部浅黄色。

腹部黑色，被密的灰白粉，各腹节后缘黄色。腹部被白毛。

雄性外生殖器：第 9 背板长为宽的 1.3 倍，末端有梯形中凹缺。肛下板 2 叶，末端尖，长为尾须的 1.5 倍。生殖基节内突二叉分开；下叶粗壮，骨化明显，与生殖基节等长；上叶纤弱，长不到生殖基节一半。生殖刺突粗壮，与生殖基节的一半等长，内向弯曲。阳茎背突心形，长于腹面突；射精侧突扇形；端阳茎粗壮，腹向弯曲。

雌 体长 8.6~10.5 mm，翅长 7.6~9.1 mm。

头部黑色，密被黄粉；额深褐色，单眼瘤褐色。白毛从颊延伸至后头，上后头有 2 排黑色的眼后鬃；单眼瘤被棕毛；额有 2 块区域被深褐色鬃；侧颜无毛。复眼在额上分开，间距为前单眼宽的 3 倍。触角黄色，但第 1 鞭节末端和端刺基节深褐色；柄节到梗节被白毛，柄节也被黑鬃；柄节圆柱形；梗节卵形；第 1 鞭节向末端逐渐变细；端刺 2 节且位于第 1 鞭节末端，末端有 1 根小刺；触角比率：2.5：1.0：4.7：0.6。喙深褐色，被棕毛；下颚须黄色，被白毛。

胸部黑色，被浓密的黄粉；中胸背板有 3 条褐色宽带，且中带颜色最深。背板边缘和侧板被白毛；前胸腹板无毛；胸部粗鬃黑色。背侧鬃 3 对，翅上鬃 2 对，翅后鬃 1 对，背中鬃 2 对，小盾鬃 2 对。基节和转节黑色，被浓密的黄粉；股节和胫节黄色；第 1 跗节基部黄色，跗节其余部分灰色至褐色；爪垫黄色。足基节和股节被白毛，中足基节后缘被白毛；足的鬃黑色。前足基节有前鬃 1 根，前腹鬃 1 根；中足基节有前背鬃 1 根，前腹鬃 1 根；后足基节有前鬃 5 根，背鬃 1~2 根。前足股节有后腹鬃 1 根；中足股节有后腹鬃 1 根；后足股节有前腹鬃 4 根，后腹鬃 3 根。前足胫节有前背鬃 4 根，后背鬃 3 根，后腹鬃 3 根，端鬃 6 根；中足胫节有前背鬃 4 根，后背鬃 3 根，前腹鬃 3 根，后腹鬃 5 根，端鬃 6 根；后足胫节有前背鬃 5 根，后背鬃 10 根，前腹鬃 5 根，后腹鬃 6 根，端鬃 6 根。翅透明，带黄色；翅痣非常窄，黄色，位于 R_1 脉末端；翅脉褐色；翅室 m_3 闭合且末端具短柄。平衡棒柄部褐色，端部黄色。

腹部背板黑色，被密的黄粉，但各节背板中部深褐色，在第 2~4 背板中部分别形成深褐色三角斑；各节腹板深褐色且后缘黄色。腹部被黄毛，末端混合深褐色毛。

雌性生殖器：第 8 背板背面观有 2 个大凹缺，其余部分和其他剑虻亚科雌性生殖器近似。

观察标本 副模 ♂，浙江天目山，1937.Ⅶ.16（SEMCAS，No. 32084814）；副模 ♀，浙江天目山，1937.Ⅶ.26（IZCAS）；副模 ♀，浙江天目山，1937.Ⅶ.30（SEMCAS，No. 32084815）。2 ♂♂，浙江天目山，1998.Ⅶ.26（CAU）；1 ♂，浙江天目山，2011.Ⅶ.28，张婷婷（CAU）；1 ♂，1 ♀，浙江天目山，2011.Ⅶ.27，张婷婷

（CAU）。

分布　浙江（天目山）。

讨论　该种雌雄颜色不同，雄性通体被灰白粉，中胸背板有 2 条浅黄色窄带；雌性通体黄色混合深褐色区域；股节和胫节黄色，但末端深褐色；翅室 m_3 闭合且末端具短柄；生殖基节内突分二叉，下叶粗壮且固化明显，上叶短且纤弱；阳茎背突心形且端阳茎腹面观粗壮。

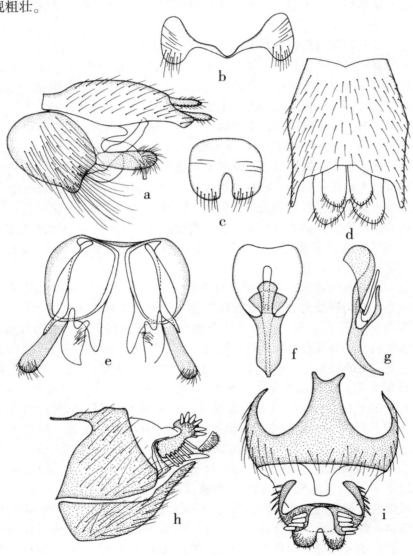

图 21　中华窄颜剑虻 *Cliorismia sinensis*（Ôuchi）（♂，a–g；♀，h–i）

a. 外生殖器，侧视（genitalia, lateral view）；b. 第 8 背板（tergite 8）；c. 第 8 腹板（sternite 8）；

d. 第 9 背板和尾须（tergite 9 and cerci）；e. 生殖体，背视（genital capsule, dorsal view）；

f–g. 阳茎，腹视和侧视（phallus, ventral and lateral views）。h–i. 雌性外生殖器，侧视和背视

（female genitalia, lateral and dorsal views）。

（17）周氏窄颜剑虻，新种 *Cliorismia zhoui* sp. nov. （图 22；图版 15）

雄 体长 10.7 mm，翅长 10.0 mm。

头部黑色，被密的灰白粉；额黑色，侧颜被明显的银色绒毛。白毛从颊延伸至后头，上后头被一些黑色的眼后鬃；单眼瘤、额和侧颜无毛。复眼在额上几乎相接。触角褐色，被灰白粉；柄节到第 1 鞭节基部被黑鬃；柄节圆柱形；梗节卵形；第 1 鞭节末端逐渐变细；端刺 2 节且位于第 1 鞭节末端，末端有小刺；触角比率：3.0：1.0：4.7：1.1。喙褐色，被褐色短毛；下颚须深褐色，被白毛。

胸部黑色，被密的灰白粉；中胸背板有 3 条灰色宽带，被 2 条浅黄色窄带分开。中胸背板被深褐色毛；侧板被白毛；前胸腹板无毛；中胸粗鬃黑色。背侧鬃 4 对，翅上鬃 2 对，翅后鬃 1 对，背中鬃 2 对，小盾鬃 2 对。足基节黑色，被密的灰白粉；足其余部分深褐色，但前足和中足胫节棕黄色且有深褐色末端，中足第 1 跗节基部黄色；爪垫深褐色。基节到股节被白毛；足上的鬃黑色。前足基节有前鬃 1~2 根，前腹鬃 1 根；中足基节有前背鬃 1 根，前腹鬃 1~2 根；后足基节有前鬃 4~5 根，背鬃 1 根。前足股节无明显的鬃；中足股节有后鬃 1 根；后足股节有前腹鬃 2 根，后腹鬃 5 根。前足胫节有前背鬃 3~5 根，后背鬃 2 根，后腹鬃 2 根，端鬃 4 根；中足胫节有前背鬃 4~5 根，后背鬃 1~2 根，前腹鬃 2 根，后腹鬃 3 根，端鬃 4 根；后足胫节有前背鬃 11 根，后背鬃 16 根，前腹鬃 6 根，后腹鬃 8 根，端鬃 5 根。翅透明，带黄色；翅痣非常窄，黄色，位于 R_1 脉末端；翅脉深褐色；翅室 m_3 闭合且末端具短柄。平衡棒柄部棕黄色，端部深褐色除最末端棕黄色。

腹部黑色，被密的灰白粉；各腹节后缘浅黄色。腹部被白毛。

雄性外生殖器：第 9 背板宽大且后侧角显著伸出。尾须椭圆形，与肛下板等长。第 9 腹板窄。生殖基节侧面观后缘平截，可见外突；内突粗大；腹叶细长。生殖刺突相对细小且末端内弯。阳茎背突宽于腹面突；射精突长于背面突；端阳茎细长且腹向弯曲。

雌 未知。

观察标本 正模 ♂，四川峨眉山，1975. Ⅷ，周尧、卢筝（CAU）。

分布 四川（峨眉山）。

讨论 该种体型较大，中胸背板有 3 条灰色宽带，被 2 条浅黄色窄带分开，生殖基节侧面观后缘平截，可见外突，内突粗大，阳茎射精突长于背面突，端阳茎细长且腹向弯曲。

词源学 该种由其采集人周尧夫妇命名。

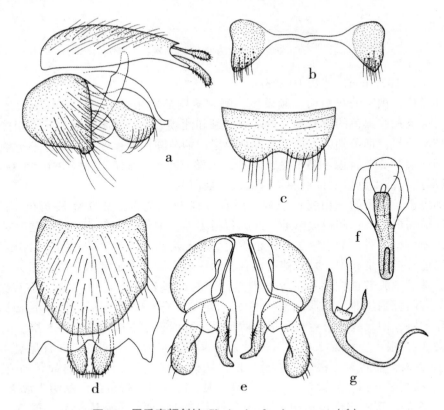

图 22　周氏窄颜剑虻 *Clorismia zhoui* sp. nov. （♂）

a. 外生殖器，侧视（genitalia, lateral view）；b. 第 8 背板（tergite 8）；c. 第 8 腹板（sternite 8）；

d. 第 9 背板和尾须（tergite 9 and cerci）；e. 生殖体，背视（genital capsule, dorsal view）；

f-g. 阳茎，腹视和侧视（phallus, ventral and lateral views）。

8. 粗柄剑虻属 *Dialineura* Rondani，1856

Dialineura Rondani，1856. Parma. 228. Type species：*Musca anilis* Linne，1761（original designation）.

　　属征　雄性复眼中部几乎相接。雄性和雌性的额被毛；侧颜通常无毛。触角柄节或多或少膨大，比第 1 鞭节宽；端刺 1 节，末端有小刺。前胸腹板沟被毛。背侧板鬃 3~6 对，翅上鬃 2 对，翅后鬃 1~2 对，背中鬃 1~3 对，小盾鬃 1~2 对。翅室 m_3 开放。中足基节后面被长毛；后足股节有前腹鬃 6~10 根。雄性外生殖器：第 9 腹板缺失；有些种在生殖基节上有亚突。雌性储精囊管非常短。

　　讨论　粗柄剑虻属 *Dialienura* 分布在古北区、新北区和东洋区，其中古北区发现的种类最多。该属全世界已知 13 种，我国分布已知 7 种。笔者根据雄性特征编制分种检索表，而溪口粗柄剑虻 *Dialineura kikowensis* 和镀金粗柄剑虻 *Dialineura aurata* 雄性未知，故没有包括在检索表内。

种 检 索 表

1. 生殖基节无亚突·· **2**
   生殖基节有亚突·· **3**
2. 股节黑色端部黄色，翅痣浅黄色；第9背板末端窄且有三角形中凹缺，阳茎背突约等于
   1/2腹面突 ·· **河南粗柄剑虻 *D. henanensis***
   中足和后足股节几乎全部为黄色，翅痣褐色；第9背板末端宽且有梯形中凹缺，阳茎背突
   为几乎和腹面突等长 ·· **长粗柄剑虻 *D. elongata***
3. 端阳茎侧缘锯齿状 ··· **缘粗柄剑虻 *D. affinis***
   端阳茎侧缘相对平滑 ··· **4**
4. 肛下板三角形，最长为尾须的2倍 ····················· **高氏粗柄剑虻 *D. gorodkovi***
   肛下板中部收缩，至少是尾须的3倍 ············· **黑股粗柄剑虻 *D. nigrofemorata***

（18）缘粗柄剑虻 *Dialineura affinis* Lyneborg, 1968 （图23；图版16）

Dialineura affinis Lyneborg, 1968. Ent. Tidskr. 89：157. Type locality：China：Sichuan.

雄 体长8.1~8.5 mm，翅长6.0~7.2 mm。

头部黑色，被密的灰白粉。额被白毛，白毛从颊延伸至后头，单眼瘤有褐色毛，侧颜无毛，上后头有一些黑色的眼后鬃。复眼红褐色，在额上方几乎相接。触角黑色，被密的灰白粉；柄节上的黑鬃长且粗，但梗节上的却短且细，柄节也被长的白毛，第1鞭节几乎无毛；第1鞭节中部最宽；端刺位于第1鞭节末端，有1根微小的刺；触角比率：5.3：1.0：4.3：0.8。喙棕黄色，被短的褐色毛；下颚须浅棕黄色，被白毛。

胸部黑色，被密的灰白粉（由于标本中胸背板的粉被蹭掉，中胸背板的斑纹不明）。背板被浓密的白毛，前胸腹板和侧板被浓密的白毛；胸部的粗鬃黑色。背侧鬃3对，翅上鬃2对，翅后鬃1~2对，背中鬃2对，小盾鬃2对。足基节和转节黑色，被灰白粉；股节黑色，被灰白粉，末端棕黄色；胫节棕黄色，末端深褐色；所有足第1跗节棕黄色且末端深褐色，其余跗节深褐色。基节和股节被白毛，足上的鬃黑色。前基节有前鬃1根，前腹鬃1根；中足基节有前鬃3根；后足基节有前鬃2根，背鬃1根。前足和中足股节无明显的鬃；后足股节有前腹鬃6根，后腹鬃3根。前足胫节有前背鬃3~4根，后背鬃3根，后腹鬃4根，端鬃4~5根；中足胫节有前背鬃3~4根，后背鬃4根，前腹鬃5根，后腹鬃4根，端鬃6根；后足胫节有前背鬃7~9根，后背鬃8根，前腹鬃7~8根，后腹鬃6~7根，端鬃5根。翅透明带黄色；翅痣非常窄，棕黄色，位于R_1脉末端；翅脉褐色，翅基部前面黄色。平衡棒柄部黄色，除末端深褐色。

腹部黑色，被密的灰白粉，但第1背板和尾器被极稀薄的粉，各腹节后缘浅黄色。腹部和尾器被白毛。

雄性外生殖器：第9背板延长，长为宽的1.5倍，末端窄且有三角形中凹缺。肛下板梯形，略长于尾须。生殖基节有亚突，末端相对变窄。端阳茎短且弯曲，两侧锯齿状。

雌 未知。

观察标本 正模♂，四川成都（1700 m），1914. Ⅳ. 11，D. C. Graham（NMNH）。3♂♂，天津青光农场，1965. Ⅳ. 9（CAU）；1♂，天津青光农场，1965. Ⅳ. 10（CAU）。

分布 四川（成都）、天津。

讨论 该种雄性额被白毛，翅痣棕黄色。雄性生殖基节末端变窄，且内缘有亚突，端阳茎侧缘锯齿状。

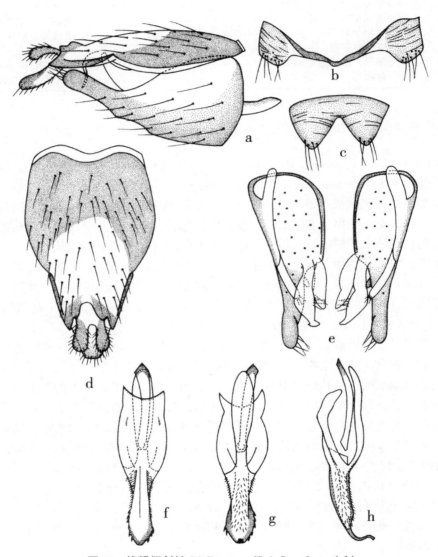

图 23 缘粗柄剑虻 *Dialineura affinis* Lyneborg（♂）

a. 外生殖器，侧视（genitalia, lateral view）；b. 第 8 背板（tergite 8）；c. 第 8 腹板（sternite 8）；

d. 第 9 背板和尾须（tergite 9 and cerci）；e. 生殖体，背视（genital capsule, dorsal view）；

f-h. 阳茎，背视、腹视和侧视（phallus, dorsal, ventral and lateral views）。

各 论

（19）镀金粗柄剑虻 *Dialineura aurata* Zaitzev，1971 （图版17）

Dialineura aurata Zaitzev，1971. Ent. Obozr. 50（1）：198. Type locality：Russia：Southern seaside.

雌 体长9.1 mm，翅长6.9 mm。

头部浅黑色，有密的灰白粉和黄粉，颊多白粉。毛暗黄色；上后头的毛和鬃部分黑色；额的毛黑色，前缘毛多淡黄色；颜仅最下部和颊有毛。触角暗褐色。触角比率：19：3.5：16.5：4。触角基部2节有黑色的毛和鬃，基节有部分暗黄毛。喙暗褐色，有褐毛；须暗褐色，有暗黄毛。

胸部黑色，有密的白粉。小盾片后缘褐色。毛暗黄色，鬃黑色。3根背侧鬃，2根翅上鬃，1根翅后鬃，2根小盾前鬃；2对4根小盾鬃几乎等长。足黄色；基节和转节黑色；后足膝关节带褐色；第1~3附节末端和第4~5附节暗褐色。足的毛暗黄色，鬃黑色；胫节和附节的毛几乎全黑色。后足腿节有5根前腹鬃。前足胫节有3根长前背鬃、5根多数短的后背鬃和4根后腹鬃，末端有5根鬃。中足胫节有4根前背鬃、2根后背鬃和3根后腹鬃，末端有6根鬃。后足胫节有6根前背鬃、7~8根后背鬃和4根前腹鬃，末端有5~6根鬃。翅白色透明，带浅灰黄色；脉暗褐色。平衡棒暗黄色，基部褐色。

腹部黑色，稀有密的灰白和灰黄粉；2~7背板后缘暗黄色。毛几乎全暗黄色，末端毛黑色。

雄 未知。

观察标本 正模♀，俄罗斯南部沿海，1962.Ⅶ.7，Emilia P. Nartshuk（ZRAS）。

分布 中国东北地区；俄罗斯。

讨论 该种额的毛黑色，前缘毛多淡黄色。腿节黄色。翅带浅灰黄色。雌性体被密的黄粉，足主要黄色。

（20）长粗柄剑虻 *Dialineura elongata* Liu *et* Yang，2012 （图24，25；图版18）

Dialineura elongata Liu *et* Yang，2012. Zookeys 235：4. Type locality：China：Shaanxi.

雄 体长7.1~8.5 mm，翅长6.0~7.0 mm。

头部黑色，被密的灰白粉，额中央区域褐色。白毛从颊延伸至后头，单眼瘤和额有黑毛，侧颜无毛，上后头有一些黑色的眼后鬃。复眼红褐色且在额上方几乎相接。触角黑色，被密的灰白粉，除第1鞭节和端刺褐色；柄节上的黑鬃长且粗，但梗节上的短且细；第1鞭节几乎无毛；第1鞭节中部最宽；端刺位于第1鞭节末端并有1根微小的刺；触角比率：5.0：1.0：4.1：0.7。喙浅黄色，边缘有部分黑色的区域，被短褐毛；下颚须浅黄色，被白毛。

胸部黑色，被密的灰白粉；中胸背板有3条褐色宽带，被2条浅黄色窄带分开，中宽带中间有1条灰色窄带。背板被稀疏的短白毛，边缘混合短黑毛，前胸腹板和侧板被白毛；胸部粗鬃黑色。背侧鬃3对，翅上鬃2对，翅后鬃1对，背中鬃2对，小盾鬃2

55

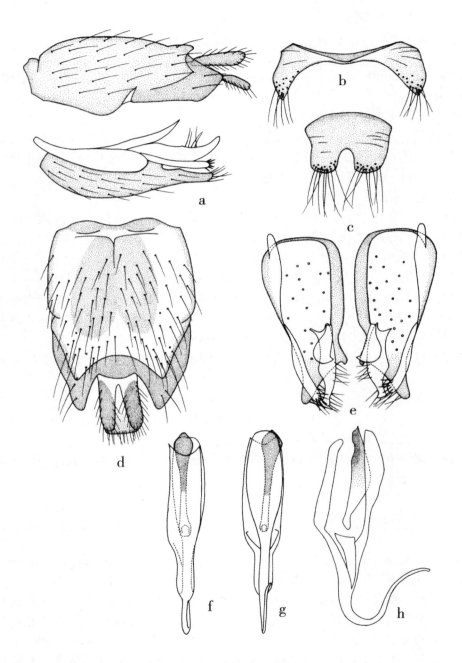

图 24 长粗柄剑虻 *Dialineura elongata* Liu *et* Yang（♂）

a. 外生殖器，侧视（genitalia，lateral view）；b. 第 8 背板（tergite 8）；c. 第 8 腹板（sternite 8）；
d. 第 9 背板和尾须（tergite 9 and cerci）；e. 生殖体，背视（genital capsule，dorsal view）；
f-h. 阳茎，背视、腹视和侧视（phallus，dorsal，ventral and lateral views）。

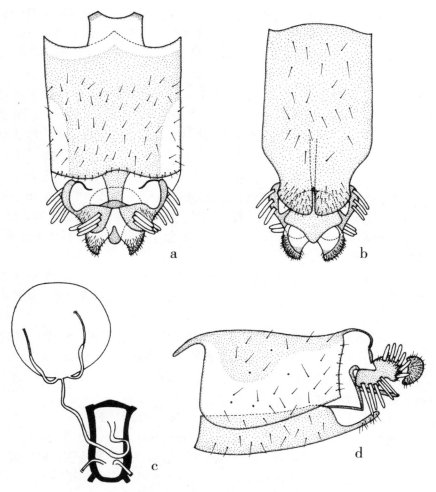

图 25　长粗柄剑虻 *Dialineura elongata* Yang，1999（♀）

a，b，d. 外生殖器，背视、腹视和侧视（genitalia, dorsal, ventral and lateral views）；

c. 内生殖器（internal reproductive organs）。

对。足基节和转节黑色，被灰白粉；前足股节黑色，被灰白粉，末端黄色；中足和后足股节黄色，中足股节的腹面和后足股节的背面深褐色；胫节棕黄色，末端深褐色；所有足第1~2跗节棕黄色，末端深褐色，后足第3跗节棕黄色且末端深褐色，其余跗节深褐色，爪垫棕黄色。基节和股节被白毛，足上的鬃黑色。前足基节有前鬃1~2根，前腹鬃1根；中足基节有前鬃3根；后足基节有前鬃2~3根，背鬃1根。前足和中足股节无明显的鬃；后足股节有前腹鬃6根，后腹鬃3根。前足胫节有前背鬃2~4根，后背鬃2~5根，后腹鬃4根，端鬃7根；中足胫节有前背鬃3~4根，后背鬃3根，前腹鬃2~3根，后腹鬃2~5根，端鬃6根；后足胫节有前背鬃5~8根，后背鬃5~8根，前腹鬃5~8根，后腹鬃4~7根，端鬃6根。翅透明，带黄色；翅痣非常窄，褐色，位于 R_1 脉末端；翅脉褐色；翅室 m_3 开放。平衡棒柄部浅黄色，基部和端部深褐色；端部褐色。

腹部黑色，被密的灰白粉，各腹节后缘浅黄色。腹部被白毛，尾器上有一些黑鬃。

雄性外生殖器：第9背板延长，长为宽的1.4倍，末端有梯形中凹缺。肛下板长方形，与尾须等长。生殖基节末端相对宽。阳茎背突几乎和腹面突等长；端阳茎弯，且"S"形。

雌　体长8.9~10.5 mm，翅长6.5~7.9 mm。与雄性近似，但有以下区别：额黑色，被浓密的深褐粉。额宽且有2列黑鬃，最窄处宽为前单眼的5倍。触角比率：4.2∶1.0∶3.9∶0.7。喙黑色，边缘浅黄色。中胸背板有3条褐色宽带，被2条浅褐色窄带分开，中宽带中间有1条深褐色窄带。前足基节有前鬃1根，前腹鬃1根；中足基节有前鬃3根；后足基节有前鬃3根，背鬃1根。前足和中足股节无明显的鬃；后足股节有前腹鬃6根，后腹鬃2根。前足胫节有前背鬃4根，后背鬃4根，后腹鬃4根，端鬃5根；中足胫节有前背鬃3~4根，前腹鬃5根，后背鬃4~5根，后腹鬃5根，端鬃5根；后足胫节有前背鬃8根，后背鬃9~10根，前腹鬃8根，后腹鬃9根，端鬃3根。腹部上的灰白粉比雄性稀薄。

雌性生殖器：第8背板背面观长略大于宽；第8腹板腹面观为长方形且末端有1个凹缺。尾须半圆形。肛下板铃形。生殖叉长为宽的1.7倍。附腺管分开。储精囊相当大且为球形；受精囊2个。

观察标本　正模♂，陕西周至厚畛子，2009.V.1，盛茂领（CAU）。副模：3♂♂，同正模；1♂，2♀♀，云南西双版纳景洪（300 m），2002.IV.27，甄文全（CAU）；1♂，陕西周至厚畛子，2009.V.8，盛茂领（CAU）；1♂，1♀，北京海淀香山北京植物园，2006.IV.24，董慧（CAU）。

分布　北京（香山）、陕西（周至）、云南（西双版纳景洪）。

讨论　该种与河南粗柄剑虻 *D. henanensis* Yang, 1999 近似，特别是回弯且"S"形的端阳茎和相对宽的生殖基节末端。但该种两性中足和后足股节黄色；翅痣褐色；平衡棒末端褐色；第9背板末端宽且有梯形中凹缺；肛下板长方形，和尾须等长；阳茎背突和腹面突等长。

（21）高氏粗柄剑虻 *Dialineura gorodkovi* Zaitzev, 1971 （图26；图版19）

Dialineura gorodkovi Zaitzev, 1971. Ent. Obozr. 50 （1）：191. Type locality：Russia：Chukchi.

雄　体长7.0~8.0 mm，翅长5.8~6.3 mm。

头部黑色，被灰白粉。白毛从颊延伸至下后头，额上有黑色长毛，甚至延伸至侧颜，单眼瘤无毛，上后头被一些黑色的眼后鬃。复眼红褐色，且在额上方几乎相接。触角黑色，被灰白粉；触角被黑毛，但鞭节无毛，梗节有时也无毛，柄节上的毛非常长，特别是柄节端部有鬃状毛；梗节圆形，被少许短而细的毛；第1鞭节中部最宽；端刺位于第1鞭节末端且有1根微小的刺；触角比率：5.2∶1.0∶3.0∶0.6。喙和下颚须深褐色，被白毛，喙上的毛稀疏且末端混杂一些浅褐色短毛，下颚须上的毛更浓密。

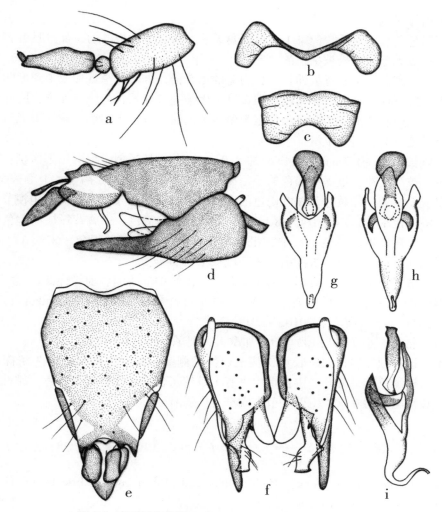

图 26　高氏粗柄剑虻 *Dialineura gorodkovi* **Zaitzev**（♂）

a. 触角（antenna）；b. 第 8 背板（tergite 8）；c. 第 8 腹板（sternite 8）；d. 外生殖器，侧视
（genitalia, lateral view）；e. 第 9 背板和尾须（tergite 9 and cerci）；f. 生殖体，背视（genital
capsule, dorsal view）；g-i. 阳茎，背视、腹视和侧视（phallus, dorsal, ventral and lateral views）。

胸部黑色，被灰白粉，中胸背板有 3 条深色宽带，被 2 条浅黄色窄带分开。中胸背
板上被少许黑毛，侧板被白色长毛。背侧鬃 3 对，翅上鬃 2 对，翅后鬃 1 对，背中鬃 2
对，小盾鬃 2 对。足黑色，股节末端褐色，胫节和第 1~2 跗节黄色且末端黑色，爪垫
棕黄色。足被黑毛和黑鬃，但基节被白色长毛，股节上也被少许白色短毛。前足基节有
前鬃 1 根，前腹鬃 1 根；中足基节有前鬃 2 根；后足基节有背鬃 1 根。前足和中足股节
无明显的鬃；后足股节有前腹鬃 6 根，后腹鬃 1 根。前足胫节有前背鬃 2~3 根，后背
鬃 4 根，后腹鬃 3~4 根，端鬃 4 根；中足胫节有前背鬃 3~4 根，后背鬃 4 根，前腹鬃
5~6 根，后腹鬃 4 根，端鬃 6 根；后足胫节有前背鬃 11 根，后背鬃 14 根，前腹鬃 12
根，后腹鬃 7 根，端鬃 6 根。翅透明；翅痣非常窄，深褐色，位于 R_1 脉末端；翅脉深

褐色。平衡棒褐色。

腹部黑色，被灰白粉，但第 1 背板裸露无粉，每一节背板的前缘裸露且各腹节后缘浅黄色。背板无毛，腹板被稀疏的白毛。

雄性外生殖器：第 9 背板伸长，长为宽的 1.5 倍，末端变窄且形成半圆形凹缺。尾须长方形。肛下板三角形，长为尾须的 2 倍。生殖基节伸长，内缘有亚突；腹叶相对大且端部圆；生殖基节前突透明且延伸至生殖基节前缘之外。生殖刺突侧缘形成直角。端阳茎短且轻度弯曲，边缘平滑。

雌 体长 7.3~10.2 mm，翅长 6.2~8.0 mm。与雄性近似，但有以下区别：单眼瘤深红褐色，被深黄粉，被深红褐色的毛。复眼内缘平直。额深红褐色，上额被深黄粉，下额被银灰粉；额被深黄色和深红褐色的毛，中等长度，散布于全额。触角梗节被深红褐色毛；触角比率：1.7：1.0：1.8：0.8。下颚须浅黄褐色。中胸背板被深黄色粉和深黄色伏毛，小盾片被浅黄色毛；中胸粗鬃黑色。前足胫节深黄褐色，末端 1/4 深红褐色。腹部深红褐色，每节背板的前 1/3 区域被浓密的灰粉。

雌性生殖器：生殖叉长方形，后缘宽凹缺，侧缘中部收缩，前缘钝圆。

观察标本 正模 ♂，俄罗斯楚克奇（330 m），1959.Ⅶ.23，K. Gorodkov（ZRAS）。2 ♂♂，北京门头沟小龙门，2010.Ⅴ.21，李涛。

分布 北京（小龙门）；俄罗斯，加拿大，美国。

讨论 该种额被黑色浓密长鬃，甚至延伸至侧颜。雄性中胸背板有 3 条深褐色宽带，被 2 条棕黑色窄带分开，中宽带中央有 1 条棕灰色窄带。翅痣深褐色。雄性肛下板三角形，长为尾须的 2 倍；生殖基节末端窄且内缘有亚突。

（22）河南粗柄剑虻 *Dialineura henanensis* Yang, 1999（图 27，28；图版 1 a，20）

Dialineura henanensis Yang, 1999. Fauna and Taxonomy of Insects in Henan. 4：186. Type locality：China：Henan.

雄 体长 7.3~8.5 mm，翅长 6.6~7.1 mm。

头部黑色，被密的灰白粉，额中央区域褐色。白毛从颊延伸至后头，单眼瘤和额有黑毛，侧颜无毛，上后头有一些黑色的眼后鬃。复眼红褐色且在额上方几乎相接。触角黑色，被密的灰白粉，除第 1 鞭节和端刺褐色；柄节上的黑鬃长且粗，但梗节上的短且细；第 1 鞭节几乎无毛；第 1 鞭节中部最宽；端刺位于第 1 鞭节末端并有 1 根微小的刺；触角比率：5.5：1.0：4.5：0.5。喙黑色，被短白毛；下颚须黑色，被白毛。

胸部黑色，被密的灰白粉；中胸背板有 3 条宽灰带，被 2 条浅黄色窄带分开，中宽带中间有 1 条褐色窄带。背板被稀疏的黑白混合的短毛，前胸腹板和侧板被白毛；胸部粗鬃黑色。背侧鬃 3 对，翅上鬃 2 对，翅后鬃 1 对，背中鬃 2 对，小盾鬃 2 对。足基节和转节黑色，被灰白粉；所有的股节黑色，末端黄色。前足基节有前鬃 1 根，前腹鬃 1 根；中足基节有前鬃 3 根；后足基节有前鬃 2~3 根，背鬃 1 根。前足和中足股节没有显著的鬃；后足股节有前腹鬃 6 根，后腹鬃 2~3 根。前足胫节有前背鬃 3~4 根，后背鬃 3 根，后腹鬃 3 根，端鬃 4 根；中足基节有前背鬃 3 根，后背鬃 3 根，前腹鬃 3 根，后腹鬃4根，端鬃6根；后足胫节有前背鬃9根，后背鬃6~8根，前腹鬃8根，后腹鬃4~5根，端鬃8根。翅透明，带黄色；翅痣非常窄，浅黄色，位于 R_1 脉末端；翅脉黄色；翅室 m_3 开放。平衡棒柄部基部棕黄色，端部深褐色；端部浅黄色。

腹部黑色，被密的灰白粉，各腹节后缘浅黄色；腹部第 2~3 背板前缘被非常稀薄的粉。腹部被白毛，尾器仅被白毛。

雄性外生殖器：第9背板延长，长为宽的1.3倍，末端变窄且有三角形中凹缺。肛下板三角形，长约为尾须的2倍。阳茎背突为腹面突的1/2。

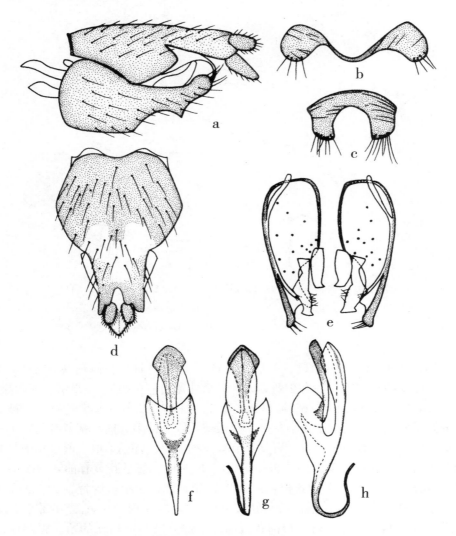

图27 河南粗柄剑虻 *Dialineura henanensis* Yang（♂）

a. 外生殖器，侧视（genitalia, lateral view）；b. 第8背板（tergite 8）；c. 第8腹板（sternite 8）；d. 第9背板和尾须（tergite 9 and cerci）；e. 生殖体，背视（genital capsule, dorsal view）；f-h. 阳茎，背视、腹视和侧视（phallus, dorsal, ventral and lateral views）。

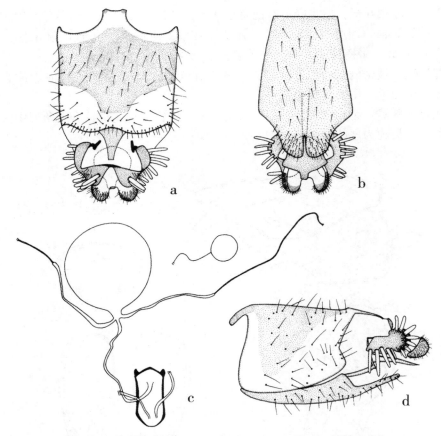

图 28   河南粗柄剑虻 *Dialineura henanensis* Yang，1999（♀）

a，b，d. 外生殖器，背视、腹视和侧视（genitalia, dorsal, ventral and lateral views）；

c. 内生殖器（internal reproductive organs）。

雌   体长 9.3~10.1 mm，翅长 7.0~7.9 mm。与雄性近似，但有以下区别：额和触角黑色，被浓密的棕黄粉。额有 2 列黑鬃，最窄处宽为前单眼的 3~5 倍。触角鬃较短；触角比率：4.5：1.0：4.1：0.6。喙被褐色短毛。中胸背板有 3 条黑色宽带，被 2 条灰色窄带分开，中宽带中间有 1 条窄灰带。背板被毛较雄性多。前足基节有前鬃 1 根，前腹鬃 1 根；中足基节有前鬃 3 根；后足基节有前鬃 3 根，背鬃 1 根。前足和中足股节无明显的鬃；后足股节有前腹鬃 5~7 根，后腹鬃 4~5 根。前足胫节有前背鬃 3 根，后背鬃 3 根，后腹鬃 2~4 根，端鬃 6 根；中足胫节有前背鬃 3 根，后背鬃 3 根，前腹鬃 2 根，后腹鬃 4 根，端鬃 6~8 根；后足胫节有前背鬃 7~9 根，后背鬃 10 根，前腹鬃 8 根，后腹鬃 5~7 根，端鬃 6 根。腹部背板前缘大部分被非常稀疏的粉。腹部被白色和褐色混杂的短毛，但第 1 背板被一些白毛。

雌性生殖器：第 8 背板背面观正方形；第 8 腹板腹面观梯形且末端有 1 个凹缺。尾须半圆形。肛下板铃形。生殖叉长为宽的 2.2 倍。附腺管分开。储精囊相当大且为球形；受精囊 2 个，球形。

62

观察标本　5♀♀，青海互助北山，1974.Ⅵ.16，马昊，樊范（SEMCAS，No.59，61，62）；1♂，北京房山上方山，1976.Ⅴ.22，杨集昆（CAU）；1♀，黑龙江呼中，1978.Ⅵ.9，崔昌元（No.678）；4♂♂，14♀♀，云南西双版纳景洪（300 m），2002.Ⅳ.27，甄文全（CAU）；2♂♂，河南内乡宝天曼，2006.Ⅴ.20，李卫海（CAU）；3♂♂，3♀♀，北京门头沟，2008.Ⅴ.30，王涛（CAU）；1♂，陕西周至厚畛子，2009.Ⅴ.5，盛茂领（CAU）；1♂，1♀，北京延庆松山（780 m），2009.Ⅴ.23，崔维娜、王津京（CAU）；10♂♂，22♀♀，北京门头沟小龙门林场，2009.Ⅴ.24，史丽、余慧、梁亮（CAU）；52♂♂，76♀♀，北京门头沟小龙门林场（1 177~1 430 m），2009.Ⅴ.25，史丽、余慧、梁亮（CAU）；16♂♂，17♀♀，北京门头沟灵山（1 022~1 144 m），史丽、梁亮（CAU）；1♀，北京门头沟小龙门，2010.Ⅴ.21，李涛（CAU）；1♂，内蒙古阿拉善贺兰山，2010.Ⅷ.10，王丽华（CAU）。

分布　黑龙江（呼中）、北京（房山上方山、门头沟小龙门、灵山、延庆松山）、河南（栾川龙峪湾、内乡宝天曼）、陕西（周至）、内蒙古（贺兰山）、青海（互助北山）、云南（西双版纳景洪）。

讨论　该种雄性中胸背板有 3 条宽灰带，被 2 条浅黄色窄带分开，中宽带中间有 1 条褐色窄带；雌性中胸背板有 3 条黑色宽带，被 2 条灰色窄带分开，中宽带中间有 1 条窄灰带。翅痣浅黄色。平衡棒端部浅黄色。雄性第 9 背板基部宽但中线之后突然变窄，末端有三角形中凹缺；生殖基节末端相对宽；阳茎背突是腹面突的 1/2；端阳茎回弯且 "S" 形。

（23）溪口粗柄剑虻 *Dialineura kikowensis* Ôuchi，1943（图版 21）

Dialineura kikowensis Ôuchi，1943.Shanghai Sizenkagaku Kenkyusho Iho.13（6）：480.Type locality：China：Zhejiang.

雌　体长 11.0 mm，翅长 8.8 mm。

头部黑色，被密的灰白粉。白毛从颊延伸至后头，上后头有一些黑色的眼后鬃；单眼瘤有黑毛；侧颜无毛。复眼红褐色，在额上分开，间距为前单眼宽的 3 倍。触角黑色，被灰白粉，柄节有黑鬃；柄节圆柱形；梗节卵形；鞭节中间最宽；端刺位于第 1 鞭节末端并有 1 根微小的刺。触角比率：4.0：1.0：3.5：0.5。喙黄褐色，被白毛；下颚须黄褐色，被白毛。

胸部黑色，被密的灰白粉；中胸背板有 2 条宽黄带，每一条黄带旁边各有 2 条褐色的窄带。背板和侧板被白毛；胸部的粗鬃黑色。背侧鬃 3 对，翅上鬃 2 对，翅后鬃 1 对，背中鬃 2 对，小盾鬃 2 对。足基节和转节黑色，被灰白粉；股节全部为黄色；胫节和跗节黄色，但末端深褐色。前足基节有前鬃 1 根，前腹鬃 1 根；中足基节有前鬃 3 根；后足基节有前鬃 2 根，背鬃 1 根。前足和中足股节无明显的鬃；后足股节有前腹鬃 7 根，后腹鬃 4 根。前足胫节有前背鬃 3 根，后背鬃 4 根，后腹鬃 4 根，端鬃 5 根；中足胫节有前背鬃 4 根，后背鬃 5 根，前腹鬃 4 根，后腹鬃 3 根，端鬃 6 根；后足胫节有前背鬃 9 根，后背鬃 8 根，前腹鬃 5 根，后腹鬃 4 根，端鬃 6 根。翅透明，带褐色；翅痣非常窄，褐色，位于 R_1 脉末端；翅脉褐色；翅室 m_3 窄开放。平衡棒柄部黄褐色，端部浅黄色。

腹部黑色，被灰白粉，第 1 节背板中间有 1 个大黑斑，腹侧各有 1 条褐色带。尾器红褐色。

雄 未知。

观察标本 正模♀，浙江溪口，1936. V. 11（SEMCAS）。

分布 浙江（溪口）。

讨论 该种雌性中胸背板有 2 条宽黄带，翅室 m_3 末端开口宽度窄于横脉 m-cu，股节全部为黄色，腹部每 1 节背板中间都有 1 个大黑斑。

（24）黑股粗柄剑虻 *Dialineura nigrofemorata* Kröber, 1937（图 29；图版 22）

Dialineura nigrofemorata Kröber, 1937. Acta Inst. Mus. Zool. Univ. Athen. 1：272. Type locality：Russia：Transbaibalia.

Dialineura intermedia Lyneborg, 1968. Ent. Tidskr. 89：159. Type locality：Russia：Baikal Lake.

雄 体长 8.2 mm，翅长 7.0 mm。

头部黑色，被浓密的黑白粉；额中部区域深褐色。额被黑毛且混杂有少许白毛，侧颜无毛，颊被白毛，单眼瘤被少许黑毛，后头被浅黄毛，上后头有黑色的眼后鬃。复眼在额上部几乎相接。触角黑色，被灰白色粉，柄节上的粉特别浓密；柄节较鞭节粗，柄节被黑色长鬃且混杂白色长毛；梗节圆形，被一些短细的黑毛；第 1 鞭节无毛，鞭节中部最宽；端刺位于第 1 鞭节末端并有 1 根微小的刺。触角比率：3.6：1.0：3.5：0.9。喙浅黄色，但边缘黑色，被一些棕黄色毛；下颚须灰色，被白色长毛。

胸部黑色，被密的灰白粉；中胸背板有 3 条黑色宽带，被 2 条浅黄色窄带分开。背板近乎裸露，仅被少许白色短毛；侧板被白色伏毛，在侧背片上特别浓密；胸部粗鬃黑色。鬃序：背侧鬃 3 对，翅上鬃 2 对，翅后鬃 1 对，背中鬃 1 对，小盾鬃 2 对。足基节、转节和股节黑色，被灰白粉，股节末端黄色；胫节黄色，末端黑色；跗节黑色，但第 1 跗节基部黄色，爪垫棕黄色。足上的毛和鬃黑色，除基节和股节被白毛。前足基节有前鬃 1 根，前腹鬃 1 根；中足基节有前鬃 3 根；后足基节有前鬃 3 根，背鬃 1 根。前足和中足股节无明显的鬃；后足股节有前腹鬃 7 根，后腹鬃 8 根。前足胫节有前背鬃 4 根，后背鬃 5~6 根，后腹鬃 4~6 根，端鬃 6 根；中足胫节有前背鬃 5 根，后背鬃 5 根，前腹鬃 4 根，后腹鬃 4 根，端鬃 7 根；后足胫节有前背鬃 9 根，后背鬃 10~11 根，前腹鬃 9~10 根，后腹鬃 7 根，端鬃 6 根。翅透明，带黄色；翅痣非常窄，褐色，位于 R_1 脉末端；翅基部翅脉黄色，端部翅脉深褐色。平衡棒柄部棕黄色到黑色，端部褐色。

腹部黑色，被密的灰白粉，但第 1 背板、第 2~3 背板前缘及尾器不被粉。腹部背板和腹板被稀疏的白毛，仅背板侧缘毛浓密。

雄性外生殖器：第 9 背板显著延长，长为宽的 1.3 倍，末端变窄且具三角形凹缺。尾须长方形。肛下板长为尾须的 3 倍，末端加厚。生殖基节端部长且窄，内缘存在亚突；腹叶宽且末端钝圆；生殖基节前突几乎延伸到生殖基节前缘。生殖刺突侧缘形成直角。端阳茎短，稍弯曲，基部相当粗。

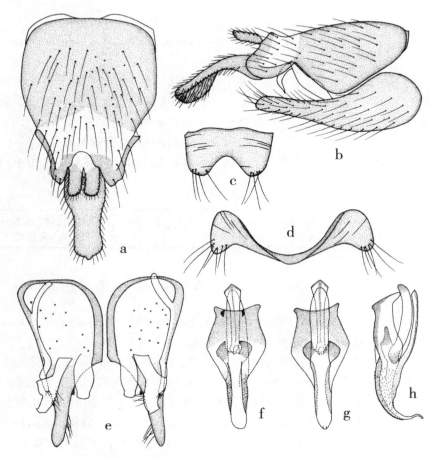

图 29 黑股粗柄剑虻 *Dialineura nigrofemorata* Kröber（♂）

a. 第 9 背板和尾须（tergite 9 and cerci）；b. 外生殖器，侧视（genitalia, lateral view）；

c. 第 8 腹板（sternite 8）；d. 第 8 背板（tergite 8）；e. 生殖体，背视（genital capsule, dorsal view）；

f-h. 阳茎，背视、腹视和侧视（phallus, dorsal, ventral and lateral views）。

雌 体长 8.0~13.0 mm，翅长 6.0~11.0 mm。与雄性近似，但有以下区别：额被黑毛；触角短而细。颈部的金毛和黑毛较稀疏。腹部背板两侧和后缘被银粉；白色长毛仅出现第 1 背板两侧，其余背板被刺状短毛。

观察标本 1 ♂，俄罗斯阿姆亚，1911. Ⅵ. 10，A. Nopov（ZRAS）；1 ♂，辽宁新宾，2005. Ⅶ. 7，李娟（CAU）。

分布 辽宁（新宾）；俄罗斯。

讨论 该种雄性中胸背板有 3 条黑色宽带；前足股节仅被白毛；雄性肛下板非常长；生殖基节末端变窄且内缘有亚突。该种与林氏粗柄剑虻 *D. lyneborgi* Zaitzev，1971 非常近似，但该种第9背板长为肛下板2倍。

9. 长角剑虻属 *Euphycus* Kröber，1912

Euphycus Kröber，1912. Nacht. Ent. 1. Type species：*Phycus fuscipennis* Costa（original designation）.

属征　头部被灰白粉。雄性复眼在额上几乎相接。触角柄节显著长于头部，第1鞭节细且外侧近端部有长凹缺，内含端刺，或第1鞭节末端平截，内含端刺。背侧鬃3对，翅上鬃2对，翅后鬃1对，背中鬃0对，小盾鬃2对。翅室 m_3 闭合，末端具短柄。雄性外生殖器与剑虻属 *Thereva* 类似，肛下板较尾须长，射精突基部分叉。

讨论　长角剑虻属分布在古北区。该属全世界已知3种，我国分布已知2种。

种　检　索　表

1.	头部和胸部主要被浅黄粉 …………………………………………	贝氏长角剑虻 *E. beybienkoi*
	体被灰白粉 …………………………………………………………	薄氏长角剑虻 *E. bocki*

（25）贝氏长角剑虻 *Euphycus beybienkoi* Zaitzev，1979（图30；图版23）

Euphycus beybienkoi Zaitzev，1979. Trud. Zool. Inst. 83：130. Type locality：China：Jilin.

雄　体长 7.1~10.5 mm，翅长 6.1~6.5 mm。

头部黑色，被浅黄粉，额轻微向前突。额、侧颜和单眼瘤被黑毛，侧颜的毛特别浓密，颊被浓密的黄毛，后头被少许黄色的毛；上后头有1排眼后鬃。复眼在额上几乎相接。触角端部尖且为深褐色，被灰白粉，除柄节基部浅褐色；从柄节到第1鞭节基部被黑色短毛，包括少许粗鬃；柄节细长；梗节圆形；第1鞭节细，外侧近端部有长凹缺，内含端刺。触角比率：8.2：1.0：6.0。喙褐色，被黄色短毛；下颚须灰褐色，被深褐色毛，且混杂一些黄毛。

胸部黑色，背板被浅黄粉，侧板被灰白粉；中胸背板有1条中宽带。胸部被黄毛，背板上的毛直立，侧板上的毛倒伏；胸部粗鬃黑色。背侧鬃3对，翅上鬃2对，翅后鬃1对，背中鬃0对，小盾鬃2对。足从基节到股节黑色，但股节末端棕黄色，一些个体股节黄色；胫节和跗节黄色，但跗节末端褐色；爪垫黄色。足被黑毛和黑鬃，但从基节到股节被黄毛，股节还生有一些黄色的鳞状毛。前足基节有前鬃1根，前腹鬃1根；中足基节有前鬃2根；后足基节有前鬃4根，后背鬃1根。前足和中足股节无明显的鬃；后足股节有前腹鬃6根。前足胫节有前背鬃3根，后背鬃2根，后腹鬃4根，端鬃4根；中足胫节有前背鬃5根，后背鬃3根，前腹鬃3根，后腹鬃3~5根，端鬃5~7根；后足胫节有前背鬃11根，后背鬃8根，前腹鬃6根，后腹鬃4根，端鬃5根。翅透明；翅痣非常窄，黄色，位于 R_1 脉末端；翅脉棕黄色；翅室 m_3 闭合，末端有短柄。平衡棒黄色，端部棕黄色。

腹部有光泽，除第1腹节外都被明显的灰白粉。背板黑色，但第2~4背板黄色且各有 1 个黑色的三角形中斑，第 5 背板侧缘深褐色；腹板黑色，但第 2~4 腹板侧缘黄色，第 5 腹板侧缘深褐色；尾器黄色。黄色的毛在背板中部区域倒伏，在腹部两侧和腹板直立；第 5~7 腹节被直立的黑毛。

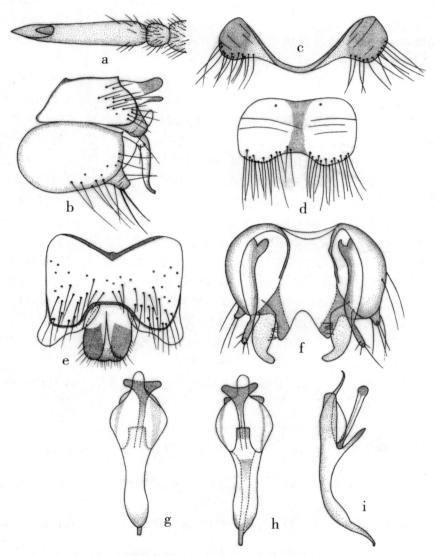

图 30　贝氏长角剑虻 *Euphycus beybienkoi* Zaitzev（♂）

a. 触角（antenna）；b. 生殖器，侧视（genitalia, lateral veiw）；c. 第 8 背板（tergite 8）；
d. 第 8 腹板（sternite 8）；e. 第 9 背板和尾须（tergite 9 and cerci）；f. 生殖体，背视（genital capsule, dorsal view）；g-i. 阳茎，背视、腹视和侧视（phallus, dorsal, ventral and lateral views）。

雄性外生殖器：第 9 背板宽为长的 1.3 倍，后缘有梯形中凹缺。尾须末端圆钝。肛下板几乎和尾须等长，后缘中部轻微凹缺。第 9 腹板月牙形。生殖基节着生三角形腹叶；生殖基节前突不超过生殖基节前缘。生殖刺突端部细。阳茎射精突基部"Y"形；端阳茎轻度弯曲。

雌 体长 11.6~14.5 mm，翅长 7.7~9.7 mm。大部分特征与雄性近似，但有以下区别：额很宽，黑色且有光泽，无粉无毛；翅透明，带浅灰色，颜色较雄性深；腹部全部黑色。

观察标本 1♂，北京西城景山，1946.IX.15，杨集昆；1♂，北京海淀香山，1957.IX.13，杨集昆；1♀，辽宁本溪草河口，1958.IX.10，何忠（IZCAS）；1♂，北京门头沟百花山，1961.IX.6，李法圣；2♂♂，1♀，北京门头沟百花山（1 100~1 320m），1963.VIII.23，王书永（IZCAS）；1♂，北京头沟区百花山（1 170 m）（IZCAS）；2♂♂，北京延庆三堡，1964.VIII.21，周勤（IZCAS）；1♀，河北蔚县小五台（1 200 m），1964.VIII.21，韩寅恒（IZCAS）；2♀，黑龙江月江三江口，1970.VIII.11（IZCAS）；1♀，黑龙江江密山，1970.VIII.16（IZCAS）；1♀，黑龙江大兴安岭塔河，1971.VII.30（IZCAS）；1♂，陕西甘泉清泉沟，1971.IX.4，杨集昆（CAU）；3♂♂，河北兴隆眼石，1973.VIII.19，杨集昆（CAU）；3♂♂，河北兴隆雾灵山（1 700 m），1973.VIII.24-25，杨集昆、陈合明（CAU）；1♂，北京门头沟小龙门，1976.IX.4，杨集昆（CAU）；6♂♂，3♀♀，天津蓟县梨木台、八仙桌子，1986.IX.2-4，刘金华、张开慧、徐建华、李九午、李凤舞（CAU）；1♀，北京海淀鹫峰，2004.IX.8，熊琳歆（CAU）；5♀♀，辽宁新宾，2005.VIII.25-IX.8，李娟（CAU）；1♂，河北承德雾灵山，2007.VIII.22，张魁艳（CAU）；1♀，北京海淀药用植物园，2009.IX.下旬，郭萧（CAU）；1♀，河北承德双塔山，2009.VIII.14，董慧（CAU）。

分布 黑龙江（月江、江密山）、吉林、辽宁（新宾、本溪）、北京、天津（蓟县）、河北（小五台、雾灵山、承德）、陕西（甘泉）。

讨论 该种触角尖，端刺位于第 1 鞭节近末端外侧，腹部第 2~4 背板黄色且各有 1 个黑色的三角形中斑。

（26）薄氏长角剑虻 *Euphycus bocki* Kröber，1912（图 31；图版 24）

Euphycus bocki Kröber，1912. Dtsch. Ent. Z. 1912：10. Type Locality：China：Heilongjiang, Ussuri.

Phycus niger Kröber，1912. Dtsch. Ent. Z. 1912：6. Type locality：China：Heilongjiang, Ussuri.

雄 体长 8.7~10.6 mm，翅长 6.9~7.4 mm。

头部深褐色，被密的灰白粉，额轻微向前突。额和单眼瘤被黑毛；侧颜、颊和后头被白毛，但后头的毛稀疏；上后头有 1 排黑色的眼后鬃。复眼在额上几乎相接。触角端部尖，且为深褐色，被灰白粉；第 1 鞭节末端颜色特别深；从柄节到第 1 鞭节基部被黑色短毛，柄节端部有少许黑色的粗鬃；柄节细长；梗节圆形；第 1 鞭节细，外侧近端部有长凹缺，内含端刺。触角比率：8.9：1.0：6.7。喙棕黄色，但基部深褐色，被白毛；下颚须深褐色，被白色长毛。

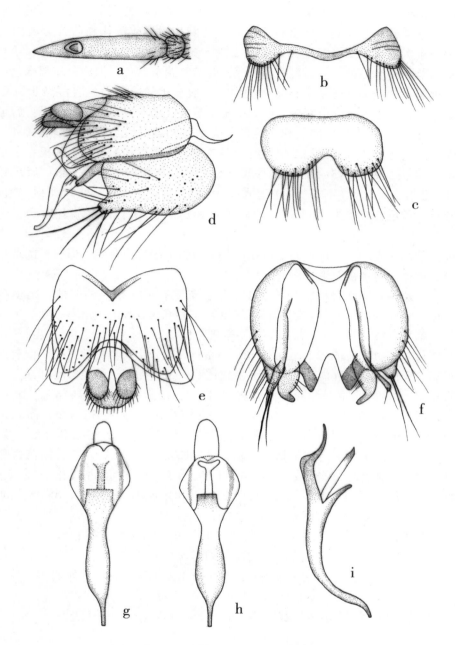

图 31 薄氏长角剑虻 *Euphycus bocki* **Kröber**（♂）
a. 触角（antenna）；b. 第 8 背板（tergite 8）；
c. 第 8 腹板（sternite 8）；d. 生殖器，侧视（genitalia, lateral veiw）；
e. 第 9 背板和尾须（tergite 9 and cerci）；f. 生殖体，背视（genital capsule, dorsal view）；
g–i. 阳茎，背视、侧视和侧视（phallus, dorsal, lateral and lateral views）。

69

胸部深褐色，有光泽，被灰白粉；中胸背板有 3 条深红色宽带，被 2 条黑色窄带分开。背板近乎裸露，边缘被一些白色短毛；上前侧片、下前侧片和后背片被白色长伏毛；胸部粗鬃黑色。背侧鬃 3 对，翅上鬃 2 对，翅后鬃 1 对，背中鬃 0 对，小盾鬃 2 对。足从基节到股节褐色，但后足颜色较深；胫节和跗节黄色，但跗节端部褐色；爪垫黄色。足被黑毛和黑鬃，但基节被浓密的白毛，股节被稀疏的白毛且混杂少许黑色短鬃。前足基节有前鬃 1 根，前腹鬃 1 根；中足基节有前鬃 1 根，前背鬃 1 根；后足基节有前鬃 3~5 根，背鬃 1 根。前足和中足股节无明显的鬃；后足股节有前腹鬃 4~6 根，后腹鬃 3 根。前足胫节有前背鬃 2 根，后背鬃 3 根，后腹鬃 6 根，端鬃 8 根；中足胫节有前背鬃 2~4 根，后背鬃 3~5 根，前腹鬃 4 根，后腹鬃 3 根，端鬃 5 根；后足胫节有前背鬃 8~12 根，后背鬃 8~11 根，前腹鬃 8~9 根，后腹鬃 7 根，端鬃 4 根。翅透明；翅痣非常窄，黄色，位于 R_1 脉末端；翅脉黄色；翅室 m_3 闭合，末端有短柄。平衡棒黄色。

腹部褐色，有光泽，被稀疏的灰白粉，每 1 节腹节的后缘黄色，但腹板的黄色后缘更宽，尾器黄色。腹部被黄毛。

雄性外生殖器：第 9 背板宽为长的 1.2 倍，末端有近三角形的凹缺。尾须端部圆钝。肛下板长为尾须的 1.3 倍。第 9 腹板三角形。生殖基节着生三角形腹叶。生殖刺突端部细。阳茎射精突基部 "Y" 形；端阳茎轻度弯曲。

雌　体长 9.5~10.8 mm，翅长 6.8~8.3 mm。大部分特征与雄性近似，但有以下区别：额很宽，黑褐色且有光泽，无粉无毛。翅透明，带浅褐色，颜色较雄性深。

观察标本　1♀，北京海淀颐和园，1948. Ⅸ.8，杨集昆（CAU）；4♀，北京门头沟百花山、塔河，1960. Ⅸ.6-7，李法圣、杨集昆（CAU）；2♂♂，1♀，河北兴隆眼石，1973. Ⅷ.29，陈合明（CAU）；3♀，山东泰安泰山，1974. Ⅸ.22，杨集昆（CAU）；1♀，北京门头沟，1976. Ⅸ.4，杨集昆（CAU）；2♂♂，1♀，内蒙古呼伦贝尔阿里河，1981. Ⅷ.12，任树枝（NKU）；1♂，4♀♀，内蒙古呼伦贝尔海拉尔，1986. Ⅷ.19，李法圣（CAU）；1♂，吉林长白山光明林场，2004. Ⅷ.8，刘星月（CAU）；1♂，辽宁长白山，2007. Ⅵ.22，张春田（CAU）。

分布　黑龙江、吉林（长白山）、辽宁（长白山）、北京（颐和园、百花山、塔河）、河北（兴隆）、山东（泰山）、内蒙古（阿里河、海拉尔）。

讨论　该种全身深褐色，触角末端尖，端刺位于第 1 鞭节近端部外侧。

10. 斑翅剑虻属 *Hoplosathe* Lyneborg *et* Zaitzev, 1980

Hoplosathe Lyneborg *et* Zaitzev，1980. Ent. Scand. 11：81. Type species：*Thereua frauenfeldi* Loew，1856（original designation）.

属征　雄性复眼中部几乎相接。雌性额全部被毛，无花纹或胛；侧颜无毛。触角端刺 2 节。下颚须 1 节。前胸腹板沟被毛，下前侧片无毛。背侧鬃 3 对，翅上鬃 1~2 对，翅后鬃 1 对，背中鬃 0~1 对，小盾鬃 2 对。中足基节后面无毛。翅有 3 条深色横斑：1 条从翅后缘覆盖翅盘室基部 1/3；1 条从翅后缘覆盖翅盘室端部 1/3；1 条覆盖翅端（最端部除外）。雄性腹部背板褐色，后侧角或多或少被白粉；雌性腹部背板颜色通常较雄性深很多。雄性外生殖器：第8背板长；第8腹板大且近乎圆形；第9背板中线短于宽；尾须延长，卵形；肛下板或多或少扩大；生殖基节大，通常有三角形生殖基节外突；腹叶大部分种发达，除短叶斑翅剑虻 *H. brevistyla* 和瑞氏斑翅剑虻 *H. richterae* 腹叶几乎退化；生殖基节内突相当长；阳茎背突形状变化大；端阳茎非常复杂，与阳茎背突通过明显的缝隙连接。

讨论 斑翅剑虻属分布在古北区。该属全世界已知 11 种，我国有 3 种。

种 检 索 表

1.	端阳茎侧面观有 2 个明显的突，呈高跟鞋状 ·················	吐鲁番斑翅剑虻 *H. turpanensis*
	端阳茎侧面观平或拱形 ·································	**2**
2.	触角第 1 鞭节长为宽的 3.0 倍；端阳茎末端平 ·················	科氏斑翅剑虻 *H. kozlovi*
	触角第 1 鞭节长为宽的 2.0 倍；端阳茎末端拱起 ·················	盛氏斑翅剑虻 *H. shengi*

（27）科氏斑翅剑虻 *Hoplosathe kozlovi* Lyneborg *et* Zaitzev，1980（图32；图版3，25）

Hoplosathe kozlovi Lyneborg *et* Zaitzev，1980. Ent. Scand. 11：90. Type locality：Mongolia：Uver-Hangai aimak.

雄 体长 9.0~14.0 mm。

头部全部被白灰粉，上后头带黄色。额在触角水平宽为头宽的 0.38。触角黄色，柄节和梗节被粉，端刺深色。

胸部中胸背板有褐色中宽带，较两侧的棕灰带颜色深，这 3 条带被容易区别的窄带分开；中胸侧板被灰粉；小盾片灰褐色。前足和后足股节背面棕黑色，其余部分黄色；中足股节黑色部分约占股节基部的 2/3，其余部分黄色。前足和中足股节有 3~5 根短腹鬃；后足股节有腹鬃 5~8 根，基部大致排成 2 列。胫节黄色，但末端深色。平衡棒端部黄色，最末端褐色。

腹部黄色至黄褐色；第 1~3 背板和第 5~7 背板后侧角被白粉；尾器黄褐色。

雄性外生殖器：生殖基节外突大，背面观粗壮，轻微弯向中线；腹叶发达，末端边缘被长鬃。生殖刺突粗壮，仅基部有 1 个明显的隆起。

雌 体长 10.5~15.0 mm。头部额几乎全被黄灰粉，但复眼边缘有白灰粉形成的窄带。上额被非常短的黑毛。额在触角水平是头宽的 0.40。胸部、足和翅与雄性近似，除中足股节黄色。腹部背板中部黑色或黄褐色；第 1~3 背板后侧角和第 5 背板被白粉；背板的毛几乎全部由深色毛组成。

分布 青海（库尔雷克湖）、新疆（哈密）、内蒙古（阿拉善）；蒙古。

讨论 该种雌雄触角第 1 鞭节延长，长为宽的 3 倍。雌性头宽约为复眼内上角距离的 4.5 倍。雄性外生殖器形状与 *Hoplosathe brunni*（Kröber）近似，但端阳茎形状有区别。

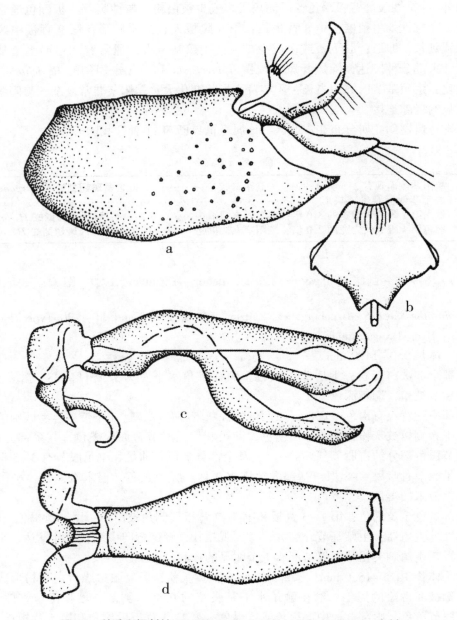

图 32　科氏斑翅剑虻 *Hoplosathe kozlovi* Lyneborg *et* Zaitzev（♂）

a. 生殖基节和生殖突，侧视（gonocoxite and gonostylus, lateral view）；

b-d. 阳茎，后视、侧视和背视（phallus, caudal, lateral and dorsal views）。

据 Lyneborg & Zaitzev, 1980 重绘。

72

（28）盛氏斑翅剑虻 *Hoplosathe shengi* Liu *et* Yang，2012（图33；图版26）

Hoplosathe shengi Liu *et* Yang，2012. Entomotaxon. 34（2）：314. Type locality：China：Xinjiang，Shule.

雄 体长 8.5~10.3 mm，翅长 6.5~7.2 mm。

头部黑色，被密的灰白粉；额被浓密的银色绒毛，上后头轻微带黄色。额在触角水平宽为头宽的 0.42。白毛从颊延伸至下后头，上后头有 2 排浅黄色的眼后鬃；单眼瘤、额和侧颜无毛。复眼在额上方几乎相接。触角黄色，被灰白粉，端刺深褐色；触角鬃浅黄色，除一些位于梗节和第 1 鞭节基部的鬃黑色；柄节的鬃粗，但梗节和第 1 鞭节基部的鬃短而细；柄节圆锥形；梗节球形；第 1 鞭节中部最宽，长为宽的 2.0 倍；端刺位于第 1 鞭节末端，并有 1 根微小的刺；触角比率：2.1：1.0：3.7：1.5。喙深褐色，被黄毛；下颚须黄色，被白毛。

胸部黑色，被密的灰白粉；中胸背板有 3 条褐色宽带，被 2 条浅灰色窄带分开，且中宽带较两边宽带颜色深。背板边缘和侧板被白毛，前胸腹板沟被白毛，下前侧片无毛；中胸粗鬃黑色。背侧鬃 3 对，翅上鬃 2 对，翅后鬃 1 对，背中鬃 1 对，小盾鬃 2 对。足基节黑色，被密的灰白粉，前足基节末端大部分区域黄色；股节中部深褐色，但其余部分黄色；胫节黄色，末端深褐色，除后足胫节末端 1/2 部分深褐色；跗节深褐色；爪垫黄色。基和股节被浅黄色毛和鬃，后足股节腹面有少许黑鬃；中足基节后面无毛；足其余部分被黑鬃。前足基节有前鬃 1 根，前背鬃 1 根；中足基节有前背鬃 1 根，前腹鬃 1 根；后足基节有前鬃 3 根，背鬃 1 根。前足股节有前腹鬃 5 根，后腹鬃 4 根；中足股节有前腹鬃 5 根，后腹鬃 4 根；后足股节有前腹鬃 8 根，后腹鬃 3 根。前足胫节有前背鬃 4 根，后背鬃 1~2 根，后腹鬃 2 根，端鬃 3 根；中足胫节有前背鬃 4 根，后背鬃 3 根，前腹鬃 4 根，后腹鬃 5 根，端鬃 6 根；后足胫节有前背鬃 10 根，后背鬃 9 根，前腹鬃 6 根，后腹鬃 7 根，端鬃 6 根。翅有 3 条浅黑色宽带；翅脉棕黄色，端部深褐色；翅室 m_3 开放。平衡棒柄部黄色，末端深褐色。

腹部被灰白粉；第 1 背板深褐色，其余背板基部深褐色且端部棕黄色，第 2~3 背板和第 5~6 背板的后侧角被白色绒毛；腹板棕黄色；尾器深褐色。背板被少许黄色的伏毛；白毛从背板两侧延伸至全部腹板。

雄性外生殖器：肛下板两侧浅凹缺。生殖基节外突大；腹叶发达。

雌 体长 8.1~10.5 mm，翅长 5.6~7.8 mm。大部分特征与雄性近似，但有以下区别：额在触角水平是头宽的 0.46，大部分中部区域棕黄色且被一些深褐色短鬃。触角全部被浅黄色鬃；触角比率：1.8：1.0：4.5：1.6。除前足基节黄色外，中足基节也黄色；仅股节背中部区域深褐色。前足基节有前鬃 1 根，前背鬃 1 根；中足基节有前背鬃 1 根，前腹鬃 1 根；后足基节有前鬃 3 根，背鬃 1 根。前足股节有前腹鬃 3 根，后腹鬃 5 根；中足股节有前腹鬃 4 根，后腹鬃 5 根；后足股节有前腹鬃 6 根，后腹鬃 1 根。前足胫节有前背鬃 4 根，后背鬃 4 根，后腹鬃 3 根，端鬃 5 根；中足胫节有前背鬃 5 根，后背鬃 3 根，前腹鬃 4 根，后腹鬃 4 根，端鬃 6 根；后足胫节有前背鬃 8~9 根，后背鬃

6~9 根，前腹鬃 6~7 根，后腹鬃 3~5 根，端鬃 6 根。腹部背板大部分区域深褐色，除每节背板后侧角黄色。

雌性生殖器：与其他剑虻亚科雌性近似；第 10 背板刺状鬃非常细且长；储精囊大且球形；受精囊 2 个。

观察标本　正模 ♂，新疆疏勒（1 280 m），2007. V.10，盛茂领（CAU）。副模：10 ♂♂，10 ♀♀，同正模；1 ♀，内蒙古巴彦淖尔乌梁素海，1932. Ⅷ.2（CAU）。

分布　新疆（疏勒）、内蒙古（巴彦淖尔）。

讨论　该种与科氏斑翅剑虻 *Hoplosathe kozlovi* Lyenborg *et* Zaitzev 近似，特别是阳茎的背面观和后面观形状。但该种额相当宽，雄性和雌性的额在触角水平宽分别是头宽的0.42 和 0.46，也是在该属所有种之中最宽的；第 1 鞭节短，长为宽的 2.0 倍；端阳茎侧面观末端拱起。

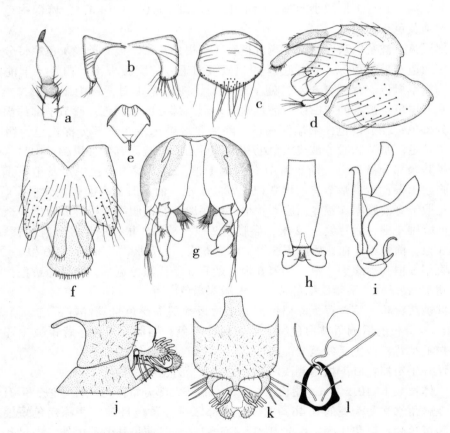

图 33　盛氏斑翅剑虻 *Hoplosathe shengi* Liu *et* Yang（♂，a–i；♀，j–l）

a. 触角（antenna）；b. 第 8 背板（tergite 8）；c. 第 8 腹板（sternite 8）；d. 生殖器，侧视（genitalia, latgeral veiw）；e. 阳茎，后视（phallus, caudal view）；f. 第 9 背板和尾须（tergite 9 and cerci）；g. 生殖体，背视（genital capsule, dorsal view）；h. 阳茎，背视（phallus, dorsal view）；i. 阳茎，侧视（phallus, lateral view）。j–k. 雌性外生殖器，侧视和背视（female genitalia, lateral and dorsal views）；l. 内生殖器（internal reproductive organs）。

（29）吐鲁番斑翅剑虻 *Hoplosathe turpanensis* Liu *et* Yang, 2012（图34；图版27）

Hoplosathe turpanensis Liu *et* Yang, 2012. Entomotaxon. 34 （2）：317. Type locality：China：Xinjiang.

雄　体长 11.2~12.0 mm，翅长 8.4~9.0 mm。

头部黑色，被密的灰白粉；额被浓密的黄色绒毛，上后头明显带黄色。额在触角水平宽为头宽的0.37。浓密的白毛从颊延伸至后头，上后头有2排浅黄色的眼后鬃；单眼瘤有黑鬃；额和侧颜无毛。复眼在额上几乎相接。触角黄色，被灰白粉；端刺第1节褐色，第2节深褐色。触角的鬃浅黄色，但梗节和第1鞭节基部的鬃黑色；柄节的鬃粗，但梗节和第1鞭节基部的鬃短而细；柄节圆锥形；梗节球形；第1鞭节中部最宽，长为宽的2.8倍；端刺位于第1鞭节末端并有1根微小的刺。触角比率：2.2：1.0：4.2：1.0。喙深褐色，被棕毛；下颚须黄色，被黄毛。

胸部黑色，被密的灰白粉；中胸背板有3条宽带，被2两条浅灰色窄带分开，且中间褐色的宽带颜色深于其余棕黄色宽带。背板被浓密的棕黄色伏毛，侧板被白毛，包括前胸腹板沟；下前侧片无毛；胸部粗鬃黑色。背侧鬃3根，翅上鬃2根，翅后鬃1根，背中鬃1根，小盾鬃2根。足基节黑色，被密的灰白粉，前足基节末端大部分区域黄色；股节中部深褐色，但其余部分黄色；胫节褐色，但后足胫节端部1/2部分深褐色；跗节深褐色；爪垫黄色。基节和股节被白色至浅黄色的毛，基节被黄鬃，但股节的鬃黑色；中足基节后面无毛；足其余部分被黑鬃。前足基节有前鬃1根，前背鬃1根；中足基节有前背鬃1个，前腹鬃1根；后足基节有前鬃2根，背鬃1根。前足股节有前腹鬃4根，后腹鬃4根；中足股节有前腹鬃6根，后腹鬃0~3根；后足股节有前腹鬃6根，后腹鬃4根。前足胫节有前背鬃4根，后背鬃2根，后腹鬃3根，端鬃5根；中足胫节有前背鬃5根，后背鬃5根，前腹鬃4根，后腹鬃4根，端鬃7根；后足胫节有前背鬃9根，后背鬃9根，前腹鬃7根，后腹鬃10根，端鬃5根。翅有3条褐色宽带；翅脉褐色；翅室 m_3 开放。平衡棒柄部棕黄色，末端深褐色。

腹部褐色，被灰白粉，第2~3背板和第5~6背板的后侧角被白色绒毛；尾器深褐色。背板被浓密的深褐色伏毛；腹板被白毛。

雄性外生殖器：肛下板近长方形。生殖基节外突大；腹叶发达。

雌　未知。

观察标本　正模 ♂，新疆吐鲁番（34 m），1979. Ⅷ. 26，李法圣（CAU）。副模：18 ♂♂，标本信息同正模；2 ♂♂，新疆吐鲁番（34.5 m），1979. Ⅷ. 25－26，陈彤（CAU）。

分布　新疆（吐鲁番）。

讨论　该种端阳茎侧面观高跟鞋状，和该属其他种均有很大区别。

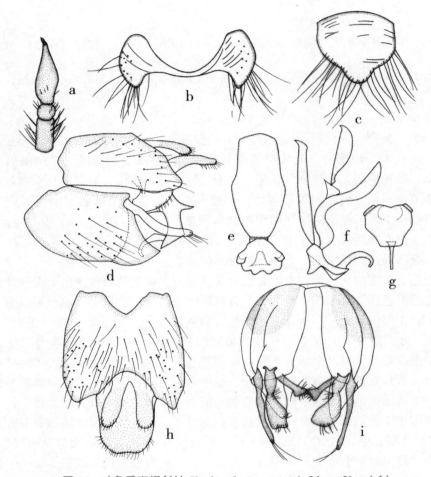

图 34　吐鲁番斑翅剑虻 *Hoplosathe turpanensis* Liu *et* Yan（♂）

a. 触角（antenna）；b. 第 8 背板（tergite 8）；c. 第 8 腹板（sternite 8）；d. 生殖器，侧视
（genitalia, lateral veiw）；e-g. 阳茎，背视、侧视和后视（phallus, dorsal, lateral and posterior
views）；h. 第 9 背板和尾须（tergite 9 and cerci）；i. 生殖体，背视（genital capsule, dorsal view）。

11. 欧文剑虻属 *Irwiniella* Lyneborg, 1976

Irwiniella Lyneborg, 1976. Bull. Br. Mus. （Nat. Hist.）Ent. 33：3. Type species：*Thereva nuba* Wiedemann, 1828 (original description).

　　属征　体中到大型，比较细瘦。雄性复眼间距不超过前单眼宽。雄性额被绒毛，上角颜色通常较其余部分深。雌性额宽度变化大，与雄性一样通常形成深色绒毛区。侧颜通常裸露，但有些大西洋岛上的种被毛。触角简单，柄节和第 1 鞭节相对长度在种内有差异，端刺 2 节且有小刺。下颚须 1 节。前胸腹板、下前侧片、中足基节后面被毛；鬃黑色。背侧鬃 3 对，翅上鬃 1~2 对，翅后鬃 1 对，背中鬃 0~2 对，小盾鬃 2 对。翅室 m_3 开放或闭合。所有的股节通常被前腹鬃，有时仅后足股节有。雄性腹部通常全部被毛；大部分雌性腹部第 2 和第 3 背板有黑色的三角形前带，第 5 和第 6 背板有小型深色后带，第 4 背板几乎全部为黑色。雄性外生殖器：第 9 背板通常宽大于长，后侧角钝圆。生殖基节内突存在，有时很粗壮。阳茎相对短且适度下弯，背面突相对大，有时有侧突。

讨论　欧文剑虻属 *Irwiniella* 分布于古北区、东洋区和非洲热带区。该属全世界已知 42 种，我国已知 4 种，其中包括 3 新组合，1 新种。

种 检 索 表

1. 中胸背板有 3 条深褐色纵带 ·· 2
   中胸背板有 2 条浅黄色或 1 条褐色纵带 ····································· 3
2. 梗节和第 1 鞭节基部黑色，被灰白粉 ·················· 邵氏欧文剑虻 *I. sauteri*
   梗节和第 1 鞭节基部亮红色 ························· 宽额欧文剑虻 *I. kroeberi*
3. 中胸背板有 2 条浅黄色纵带 ···
   ························· 小龙门欧文剑虻，新种 *Irwiniella xiaolongmenensis* sp. nov.
   中胸背板有 1 条褐色纵带 ·· 4
4. 额每边被 20 根黑色长毛；前足和中足股节各有 1 根前腹鬃 ·······················
   ··· 长毛欧文剑虻 *I. longipilosa*
   额每边被 8~11 根毛 ··· 5
5. 中胸背板有 1 个长中带斑；小盾鬃 2 对；前足股节有 2 根前腹鬃 ···················
   ··· 中带欧文剑虻 *I. centralis*
   中胸背板有 1 个短中带斑；小盾鬃 3 对；前足股节有 1 根前腹鬃 ···················
   ··· 多鬃欧文剑虻 *I. polychaeta*

（30）中带欧文剑虻 *Irwiniella centralis*（**Yang，2002**），**comb. nov.**　（图 35；图版 28）

Acrosathe centralis Yang, 2002. Forest Insects of Hainan：741. Type locality：China：Hainan.

雄　体长 10.0~10.7 mm，翅长 8.7~9.3 mm。

头部黑色，有白粉。毛和鬃黑色。后头上部有黑鬃、短黑毛和纤细白毛，下部有长而密的白毛。额下部两侧有 8~10 根黑毛，长约为柄节的 1/3。触角柄节黑色，有白粉，其余部分浅褐色。触角比率：3.0：1.0：4.3：1.3。喙暗褐色至黑色，有黑毛，基部腹面有较密的长黑毛；下颚须黑色，有纤细的长白毛。

胸部黑色，有白粉；中胸背板有 1 个黑色中纵带斑。毛白色，鬃黑色；中胸背板有黑色的直毛和伏毛，还有白毛多位于两侧；小盾片有白毛和少数黑毛。背侧鬃 3 对，翅上鬃 2 对，翅后鬃 1 对，背中鬃 1 对，小盾鬃 2 对。足黑色，胫节和基跗节黄色且末端褐色。足上毛和鬃黑色，基节有白毛和黑鬃（除后足基节端前缘有黑毛外）；股节有白色鳞状伏毛和直毛，端部的毛黑色。前足股节有前腹鬃 2 根；中足股节有前腹鬃 1~2 根；后足股节有前腹鬃 4 根。前足胫节有前背鬃 4~5 根，后背鬃 5 根，后腹鬃 3 根；中足胫节有前背鬃 5 根，后背鬃 7 根，前腹鬃 4 根，后腹鬃 3 根；后足胫节有前背鬃 10 根，后背鬃 12~14 根，前腹鬃 8 根，后腹鬃 9 根。翅白色透明，略带黄色，翅痣黄色；脉黄褐色，翅室 m_3 和 *cup* 闭合。平衡棒黑色，棒端（除基部外）黄色。

腹部黑色，有灰白粉。毛白色，第 1~4 背板中央及第 4 背板后侧有黑毛。

雄性外生殖器：第 8 腹板后缘中部略凹。腹端尾须狭长。阳茎侧突指状，阳茎端较尖。

雌　未知。

观察标本　正模 ♂，海南，1934. VI. 23（CAU）。副模：1 ♂，同正模。

分布　海南。

讨论　该种额下部两侧有 8~10 根黑毛，前足股节有 2 根前腹鬃，中足股节有 1~2 根前腹鬃，阳茎短粗，有指状侧突。

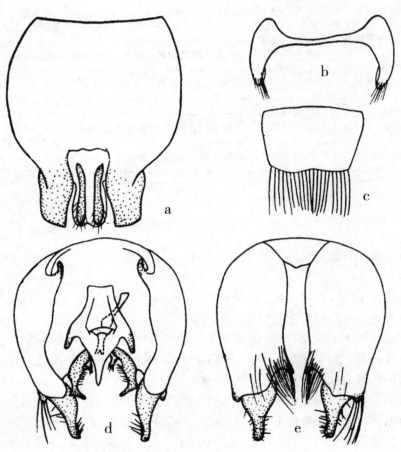

图 35　中带欧文剑虻 *Irwiniella centralis*（Yang）（♂）

a. 第 9 背板和尾须（tergite 9 and cerci）；b. 第 8 背板（tergite 8）；

c. 第 8 腹板（sternite 8）；d. 生殖体，背视（genital capsule, dorsal view）；

e. 生殖体，腹视（genital capsle, ventral view）。

（31）长毛欧文剑虻 *Irwiniella longipilosa*(Yang，2002)，comb. nov. （图36；图版29）

Acrosathe longipilosa Yang，2002. Forest Insects of Hainan：741. Type locality：China：Hainan.

雄　体长 11.2 mm，翅长 10.0 mm。

头部黑色，有白粉。额下部两侧各有一大黑毛区（毛长且与柄节约等长，20 根），单眼瘤毛长、黑色，后头有许多纤细白毛和少数黑鬃。触角柄节黑色，有白粉，其余部分浅黑色；触角比率：2.7∶1.0∶4.6∶1.5。喙暗褐色，稀有短黄褐毛，基部腹面有长黑毛；下颚须黑色，有密的纤细长白毛。

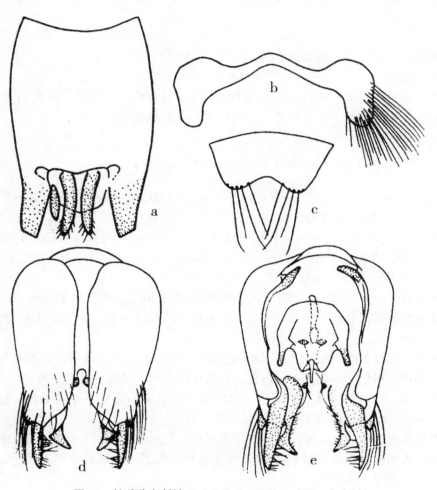

图36　长毛欧文剑虻 *Irwiniella longipilosa*（Yang）（♂）

a. 第9背板和尾须（tergite 9 and cerci）；b. 第8背板（tergite 8）；c. 第8腹板（sternite 8）；

d. 生殖体，腹视（genital capsule, ventral view）；e. 生殖体，背视（genital capsle, dorsal view）。

胸部黑色，有白粉。毛白色，较多而密，纤细而长。中胸背板杂有一些黑毛，小盾片杂有较少黑毛；胸侧仅有白毛；中胸粗鬃黑色。背侧鬃3对，翅上鬃2对，翅后鬃1对，背中鬃1对，小盾鬃2对。足暗褐色至黑色，中后足胫节和基跗节（除末端外）浅黄色。足上毛和鬃黑色，基节有白毛，股节有白色鳞状伏毛和直毛。前足股节有前腹鬃1根；中足股节有前腹鬃1根；后足股节有前腹鬃5根。前足胫节有前背鬃3根，后背鬃3根，后腹鬃3根；中足胫节有前背鬃3根，后背鬃5根，前腹鬃4根，后腹鬃4根；后足胫节有前背鬃14根，后背鬃11~12根，前腹鬃10根，后腹鬃8根。翅白色透明，脉黄褐色，翅室 m_3 和 *cup* 闭合。平衡棒黑色，棒端（除基部外）黄褐色。

腹部黑色，有灰白粉；背面密被细伏毛，腹面毛较少，第4腹板及其后腹板有一些黑毛。

雄性外生殖器：第8腹板后缘明显凹缺。腹端尾须狭长。阳茎侧突指状，端阳茎近膝形弯曲。

雌　未知。

观察标本　正模 ♂，海南，1934. V. 10（CAU）。

分布　海南。

讨论　该种额下部两侧各有一大黑毛区（毛长且与柄节约等长，20根）；前足和中足股节各有1根前腹鬃；阳茎短粗，侧突指状，端阳茎近膝形弯曲。

（32）宽额欧文剑虻 *Irwiniella kroeberi* Metz, 2003

Irwiniella kroeberi Metz, 2003. Stud. Dipt. 10：258（new name for *Psilocephala frontata* Kröber, 1912 nec Becker, 1908）

Psilocephala frontata Kröber, 1912. Ent. Mitt. 2（9）：276（preoccupied by *Irwiniella frontata*(Becker, 1908）. Type locality：China：Taiwan.

雄　体长8.5~12.0 mm。

额和下侧颜呈光滑白色，其余部分被粗糙褐色的绒毛，两块区域之间有1条深黑带；后头灰色，被黑色的后头鬃和白毛；额被稀疏的黑色短毛。触角黑褐色，梗节和第1鞭节基部亮红色。

中胸背板粗糙，黄褐色，有3条深褐色纵带，中带宽于2条侧带；小盾片与中胸背板近似，中部深褐色。胸部侧板灰白色，被稀疏的白毛。足股节黑色，被灰色绒毛和非常稀疏的白毛；胫节和跗节浅黄褐色，末端深色；足上鬃黑色。翅带褐色，翅痣颜色深；翅室 m_3 闭合。平衡棒黑色，柄部和端部白黄色。

腹部黑褐色，有时有光泽；从第2腹节起有三角形白灰色绒毛侧斑；第2和3腹节后缘光滑。毛稀疏呈白色，第5~8腹节侧面被直立的黑毛。腹板粗糙，黑色，有灰色光泽，第1~3腹板被稀疏的白毛。

雌　体长7.0~12.0 mm。

分布　中国台湾（恒春）。

（33） 幽暗欧文剑虻 *Irwiniella obscura*（Kröber，1912）

Psilocephala obscura Kröber，1912. Suppl. Ent. 1：25. Type locality：China：Taiwan.

Irwiniella obscura：Metz *et al.*，2003. Studia Dipt. 10：258.

雌　体长 12.0 mm。

头部显著大，后头全部灰黑色且有稀疏的光泽；复眼有美丽的蓝绿色光彩；额窄，亮黑色，无胛；侧颜下部和触角基部区域亮银白色。头部被白毛，后头鬃黑色。触角非常细，第 1 鞭节有显著的长尖端刺。喙被白毛。

小盾片深黑色，粗糙无光，被粗壮的白毛。基节和股节黑色，被黄色伏毛；胫节浅红黄色，端部深黑色；跗节黑色，中基部或多或少黄褐色。翅完全带黄色；翅痣大，黄褐色；翅脉粗壮，褐色；翅室 m_3 闭合，具短柄。平衡棒黑褐色，最末端黄色。

腹部深黑色，粗糙无光，被粗壮的白毛。腹部第 2 背板后缘呈光滑的白色；第 2~4 腹节侧面有白毛形成的侧三角斑；第 5~8 腹节被直立的黑色短毛。腹部腹板黑色，被白毛。

雄　未知。

分布　中国台湾（台南）。

讨论　因为该种额无胛，全额包括头顶亮黑色，可能代表了一个新种团。所有无胛的种额通常有粗糙无光的褐色至黑褐色绒毛。

（34） 多鬃欧文剑虻 *Irwiniella polychaeta*（Yang，2002），comb. nov.　（图 37；图版 30）

Acrosathe polychaeta Yang，2002. Forest Insects of Hainan：743. Type locality：China：Hainan.

雄　体长 9.1~10.8 mm，翅长 8.7~9.0 mm。

头部黑色，有白粉。单眼瘤有黑毛，额下部两侧各有 10~11 根主要黑色的毛（长约为柄节的 3/4，少数毛白色），后头有纤细的白毛和少数黑鬃，后头下部的毛长而密。触角柄节黑色，有白粉，其余部分暗褐色，触角比率：2.3：1.0：4.0：1.3。喙黑色，稀有黑毛，基部腹面有长白毛和黑毛；下颚须黑色，有纤细的长白毛。

胸部黑色，有白粉。毛白色，中胸背板后部中央有 1 条褐带。中胸背板有黑毛和白毛，白毛多位于边缘，小盾片仅有白毛；中胸粗鬃黑色。背侧鬃 2~3 对，翅上鬃 2 对，翅后鬃 1 对，背中鬃 1 对，小盾鬃 3 对。足黑色，但前足胫节暗褐色，中后足胫节和基跗节（除末端外）黄色，其余跗节暗褐色。毛和鬃黑色，基节有白毛，股节有白色鳞状伏毛和直毛，端部的毛黑色。前足股节有前腹鬃 1 根；中足股节有前腹鬃 1 根；后足股节有前腹鬃 3 根。前足胫节有前背鬃 4 根，后背鬃 4 根，后腹鬃 3 根；中足胫节有前背鬃 2 根，后背鬃 5 根，前腹鬃 3 根，后腹鬃 3 根；后足胫节有前背鬃 8~9 根，后背鬃 11~12 根，前腹鬃 8 根，后腹鬃 10~11 根。翅白色透明，翅痣黄褐色，翅脉黄褐色至褐色，翅室 m_3 和 *cup* 闭合。平衡棒黑色，棒端（除基部外）黄褐色。

腹部黑色，有白粉。毛白色，第 1~5 背板中央和第 4 背板两侧有黑毛。

雄性外生殖器：第 8 腹板后缘明显凹缺。尾须较短粗。阳茎侧突端尖而稍弯，端阳茎近膝形弯曲。

雌 未知。

观察标本 正模 ♂，海南，1960. V. 24，李锁富（CAU）。1 ♂，北京，1948. Ⅷ. 11（CAU）；1 ♂，海南昌江霸王岭，2006. Ⅵ. 5，董慧（CAU）。

分布 海南（霸王岭）、北京。

讨论 该种额下部两侧各有 10~11 根主要黑色的毛（长约为柄节的 3/4，少数毛白色），小盾鬃 3 对，前足和中足股节各有 1 根前腹鬃，后足股节有 3 根前腹鬃，阳茎短粗，侧突端尖而稍弯，端阳茎近膝形弯曲。

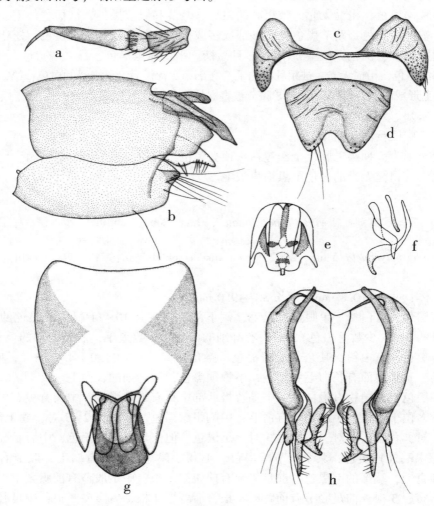

图 37 多鬃欧文剑虻 *Irwiniella polychaeta*（Yang）（♂）

a. 触角（antenna）；b. 外生殖器，侧视（genitalia, lateral view）；c. 第 8 背板（tergite 8）；

d. 第 8 腹板（sternite 8）；e-f. 阳茎，背视和侧视（pahllus, dorsal and lateral views）；

g. 第 9 背板和尾须（tergite 9 and cerci）；h. 生殖体，背视（genital capsule, dorsal view）。

（35）邵氏欧文剑虻 *Irwiniella sauteri*（Kröber，1912）（图 38）

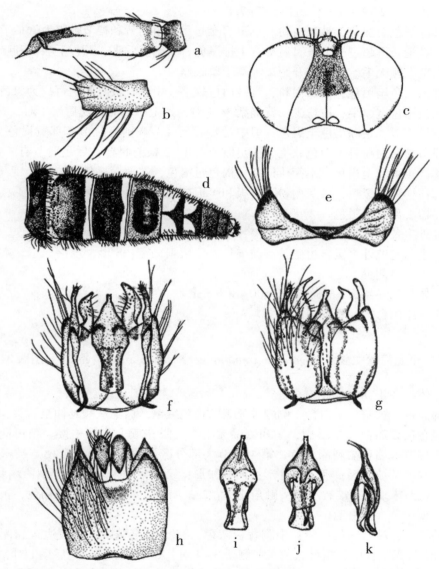

图 38　邵氏欧文剑虻 *Irwiniella sauteri*（Kröber）（a～b，e～l ♂；c～d ♀）

a. 触角梗节和鞭节（antenna except scape）；b. 触角柄节（antennal scape）；c. 头部，正前视（head, anterior view）；d. 腹部背视（abdomen, dorsal view）；e. 第 8 背板（tergite 8）；f. 生殖体，背视（genital capsule, dorsal view）；g. 生殖体，腹视（genital capsule, ventral view）；h. 第 9 背板和尾须，背视（tergite 9 and cerci, dorsal view）；i–k. 阳茎，背视、腹视和侧视（phallus, dorsal, ventral and lateral view）；k. 阳茎，（phallus, lateral view）。

据 Nagatomi & Lyneborg，1987 重绘。

Psilocephala sauteri Kröber，1912. Dtsch. Ent. Z. 1912：135. Type locality：China：Taiwan.
Irwiniella sauteri：Nagatomi & Lyneborg，1987. Mem. Kagoshima Univ. Res. Center S. Pac. 8（1）：13.

雄 体长 7.2~9.6 mm，翅长 5.7~7.8 mm。

头部深褐色至黑色，被灰白粉。单眼瘤隆起。触角柄节和梗节被黑毛，柄节也被部分黑鬃，其最长不超过柄节长。后头有 1 排黑色后头鬃。后头、颊、下颚须和喙被更长的白色软毛。额无毛。复眼分开距离等宽于单眼瘤。

胸部深褐色至黑色，被灰白粉，且被白色软毛，中胸背板有些毛可变为黑色。中胸背板有 3 条深色宽纵带，被粉少。背侧鬃 3~4 对，翅上鬃 2 对，翅后鬃 1 对，背中鬃 1 对，小盾鬃 2 对。足深褐色至黑色，但中足、后足胫节和前足胫节基部黄褐色至褐色，基节和股节被灰白粉且被白色软毛。前足股节有 1~2 根前腹鬃，后足股节有 4~5 根前腹鬃。翅痣黄褐色至褐色。平衡棒柄部黄褐色至褐色，端部深褐色。

腹部深褐色至黑色，被灰白粉。背板和腹板被白毛，但第 2 腹节前缘无毛，第 5~7 腹板和尾器上部分毛黑色。

雄性外生殖器：第 9 背板长宽相等，后侧角尖。生殖基节内突短于生殖基节一半；腹叶小；生殖基节外突宽；生殖基节前突长。生殖刺突宽，S 形，末端变窄。端阳茎腹向弯曲；无阳茎侧突。

雌 体长 7.9~11.1 mm，翅长 6.0~8.1 mm。

分布 中国台湾；日本。

（36）小龙门欧文剑虻 *Irwiniella xiaolongmenensis* sp. nov. （图 39；图版 31）

雄 体长 8.4~8.5 mm，翅长 6.2 mm。

头部黑色，被密的灰白粉，侧颜被显著的银色绒毛。白毛从颊延伸至后头，上后头有 1 排黑色的眼后鬃；单眼瘤、额和侧颜无毛。复眼在额上几乎相接。触角柄节、梗节、第 1 鞭节末端和端刺深褐色，第 1 鞭节大部分区域黄色，柄节和梗节被密的灰白粉；柄节和梗节被黑鬃；柄节圆柱形；梗节卵形；第 1 鞭节末端逐渐变细；端刺 2 节，位于第 1 鞭节末端，末端有小刺；触角比率：2.3：1.0：4.0：1.0。喙褐色，被白色短毛；下颚须黄色，被白毛。

胸部黑色，被密的灰白粉；中胸背板灰色，有 2 条窄黄带。背板边缘和侧板被白毛；前胸腹板无毛；中胸粗鬃黑色。背侧鬃 3~4 对，翅上鬃 2 对，翅后鬃 1 对，背中鬃 2 对，小盾鬃 2 对。足基节和转节黑色，被密的灰白粉；股节黄色，除前足股节背部区域黑色和后足股节末端褐色；胫节黄色除末端褐色；跗节深褐色除第 1 跗节上部黄色；爪垫浅黄色。基节至股节被白毛；足上的鬃黑色。前足基节有前鬃 1 根，前腹鬃 1 根；中足基节有前背鬃 1 根，前腹鬃 1 根；后足基节有前鬃 5 根，背鬃 1 根。前足股节有后腹鬃 1 根；中足股节有腹鬃 1 根；后足股节有前腹鬃 3 根，后腹鬃 2 根。前足胫节有前背鬃 3 根，后背鬃 2 根，后腹鬃 3 根，端鬃 3 根；中足胫节有前背鬃 3 根，后背鬃 2 根，前腹鬃 3 根，后腹鬃 4 根，胫节端鬃 6 根；后足胫节有前背鬃 9 根，后背鬃 12~13

根，前腹鬃7根，后腹鬃8根，端鬃7根。翅透明带黄色；翅痣非常窄，黄色，位于R_1脉末端；翅脉褐色；翅室m_3闭合，末端具短柄。平衡棒柄部灰色，端部黄色。

腹部黑色，被密的灰白粉，但每节腹节后缘黄色。腹部被白毛。

雄性外生殖器：第9背板前后缘凹缺，后侧角分成两叉。尾须和肛下板等长；肛下板方形。第9腹板窄。生殖基节外突退化，内突大；腹叶长方形。生殖刺突末端内向弯曲。阳茎背突宽大，显著大于腹面突；射精侧突腹面观环状；端阳茎细长，腹向弯曲。

雌 未知。

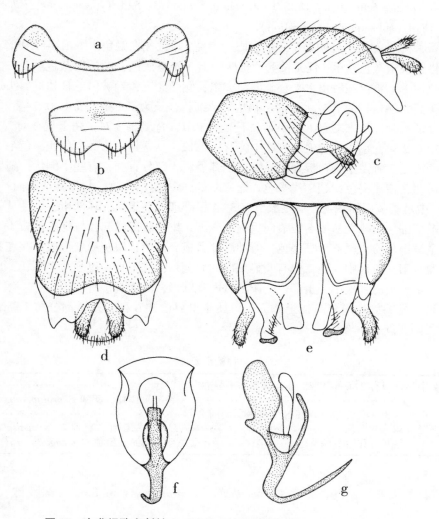

图 39　小龙门欧文剑虻 Irwiniella xiaolongmenensis sp. nov.（♂）

a. 第8背板（tergite 8）；b. 第8腹板（sternite 8）；c. 外生殖器，侧视（genitalia, lateral view）；

d. 第9背板和尾须（tergite 9 and cerci）；e. 生殖体，背视（genital capsule, dorsal view）；

f–g. 阳茎，腹视和侧视（phallus, ventral and lateral views）。

观察标本　正模 ♂，北京门头沟小龙门，2005. Ⅶ. 5，董慧（CAU）。副模：1 ♂，北京门头沟小龙门，2005. Ⅶ. 13，张魁艳（CAU）。

分布　北京（小龙门）。

讨论　该种中胸背板有 2 条窄黄带，足黄色，阳茎长且背面突有侧突。

词源学　该种以其模式产地小龙门命名。

12. 亮丽剑虻属 *Psilocephala* Zetterstedt，1838

Psilocephala Zetterstedt，1838. Dipt. Scand. Section 3：525. Type species：*Bibio imberbis* Fallén，1814（subsequent designation）.

属征　雄性额最窄处明显窄于前单眼一半宽；雌性额在触角水平 1.8~1.9 倍宽于单眼瘤。雄性额被银灰色软毛，且无长毛；雌性额上 3/4 亮黑色，额被银灰色绒毛，但黑色区域被黑色短毛。头仅在触角水平轻微向前突出；侧颜无毛，颊被白毛且和下后头近似，但较短。头高为触角长的 1.3~1.6 倍。触角柄节细长，长为第 1 鞭节 0.4~0.5 倍；第 1 鞭节末端有 2 节端刺，且末端有 1 根小刺。下颚须 1 节。背侧鬃 3 对，翅上鬃 2 对，翅后鬃 1 对，背中鬃 2 对，小盾鬃 2 根。雄性中胸背板毛长、直立且一致由白色和深色毛组成，明显长于柄节宽。雌性中胸背板毛明显短，全部黑色，部分直立，有些半倒伏；前胸腹板无毛。翅透明，带浅褐色；翅痣浅褐色。翅室 m_3 闭合，偶尔开放。前足基节前面端部有 2~3 根鬃；中足基节后面无毛；后足股节有 3~4 根纤细的前腹鬃。腹部粗，雄性从第 3 腹节向后逐渐变细，而雌性从第 5 腹节向后逐渐变细；雄性腹部隆起，雌性腹部较平。雄性腹部背板全被银灰粉，尾器呈亮黑色；雌性腹部背板亮黑色，银灰粉仅形成一些花纹。雄性外生殖器：第 9 腹板中线短，但有明显突出的后侧角；肛下板和尾须几乎等长，后缘形成双叶；第 9 腹板短，呈小三角形；端阳茎背面观圆形，侧面观平直。

讨论　亮丽剑虻属分布在全北区。该属全世界已知 6 种，几乎都分布于新北区。本文记述我国 3 新种。

种检索表

1.	中胸背板有 2 条黄纵带；额在触角水平强烈向前突起 …………………………………	
	……………………………………… 突亮丽剑虻，新种 ***P. protuberans* sp. nov.**	
	中胸背板无黄纵带；额在触角水平弱向前突起 ………………………………………… **2**	
2.	胫节和跗节褐色 ……………………………… 乌苏亮丽剑虻，新种 ***P. wusuensis* sp. nov.**	
	中后足胫节和跗节棕黄色 ………………… 勐龙亮丽剑虻，新种 ***P. menglongensis* sp. nov.**	

（37）勐龙亮丽剑虻，新种 *Psilocephala menglongensis* sp. nov.　（图版 32）

雄　体长 7.3~8.5 mm，翅长 7.1~7.3 mm。

头部黑色，被灰白粉。白毛从颊延伸至后头，额被一些褐色的短毛，侧颜和单眼瘤裸露无毛，上后头同时被一些黑色的后头鬃。复眼红褐色，在上额几乎相接。触角深褐色，被灰白粉；触角裸露无毛；柄节圆柱形；梗节球形；第 1 鞭节中部最宽；第 1 鞭节末端有 2 节端刺且有 1 根小刺；触角比率：2.3：1.0：5.2：0.7。喙黄褐色，被浅黄色短毛；下颚须黄褐色，被浅黄色毛。

胸部黑色，被灰白毛。白毛仅出现在上前侧片下部和前胸腹板，中胸背板无毛；胸部粗鬃黑色。背侧鬃 3 对，翅上鬃 2 对，翅后鬃 1 对，背中鬃 0 对，小盾鬃 2 对。足基节深褐色，被密的灰白粉，转节和股节深褐色，但中后足胫节和跗节棕黄色，爪垫棕黄色。基节被浓密的白色长毛，股节被稀疏的短白毛；足被黑鬃。前足基节有前鬃 1 根，前腹鬃 1 根；中足基节有前鬃 2 根；后足基节有前鬃 2 根，背鬃 1 根。前足和中足股节无明显的鬃；后足股节有前腹鬃 3 根，后腹鬃 6 根。前足胫节有前背鬃 3 根，后背鬃 5 根，后腹鬃 2 根，端鬃 4 根；中足胫节有前背鬃 4 根，前腹鬃 3 根，后背鬃 4 根，后腹鬃 4 根，端鬃 6 根；后足胫节有前背鬃 9 根，前腹鬃 8 根，后背鬃 8 根，后腹鬃 4 根，端鬃 6 根。翅透明，带褐色；翅痣非常窄，黄色，位于 R_1 脉末端；翅脉深褐色；翅室 m_3 开放。平衡棒柄部棕黄色；端部黄色。

腹部深褐色，被灰白粉，且被稀疏的白毛，每节腹节后缘浅黄色。

雌　未知。

观察标本　正模 ♂，云南西双版纳勐龙勐宋（1 600 m），1958. Ⅳ. 22，洪淳培（IZCAS）。副模 1 ♂，同正模。

分布　云南（勐龙）。

讨论　该种体少毛，多呈亮深褐色，被粉稀薄，额在触角水平突起明显，翅痣黄色。主要根据中后足胫节和跗节棕黄色不同而与乌苏亮丽剑虻 *Psilocephala wusuensis* sp. nov. 区分。

词源学　该种以其模式产地勐龙命名。

（38）突亮丽剑虻，新种 *Psilocephala protuberans* sp. nov. （图版 33）

雄　体长 7.5~8.5 mm，翅长 6.0 mm。

头部黑色，被密的灰白粉。仅侧颜被稀疏的白毛，头部其余部分无毛，上后头有一些黑色的眼后鬃。复眼红褐色且在上额近乎相接。额在触角水平强烈前突。触角褐色，被灰白粉；触角从柄节端至梗节被黑鬃；柄节细，呈圆锥形；梗节球形；第 1 鞭节中部最宽；第 1 鞭节末端有 2 节端刺且有 1 根小刺；触角比率：4.0：1.0：3.5：0.8。喙深褐色，被白毛；下颚须深褐色，被白毛。

胸部黑色，被密的灰白粉；中胸背板有 2 条黄纵带。背板边缘和侧板被稀疏的白毛；背侧鬃 3~4 对，翅上鬃 2 对，翅后鬃 1 对，背中鬃 2 对，小盾鬃 2 对。足基节到股节深褐色，被灰白粉，胫节到跗节黄色。从基节到股节被白色长毛，中足基节后面无毛；足被黑鬃。前足基节有前鬃 1 根，前腹鬃 1~2 根；中足基节有前背鬃 3 根；后足基节有前鬃 3 根，背鬃 1 根。前足和中足股节无明显的鬃；后足股节有前腹鬃 4 根，后腹鬃 2 根。前足胫节有前背鬃 3 根，后背鬃 4 根，后腹鬃 3 根，端鬃 1 根；中足胫节有前背鬃 4 根，前腹鬃 3 根，后背鬃 4 根，后腹鬃 3 根，端鬃 5 根；后足胫节有前背鬃 5 根，前腹鬃 3 根，后背鬃 5 根，后腹鬃 3 根，端鬃 6 根。翅透明，带黄色；翅痣非常窄，褐色，位于 R_1 脉末端；翅脉深褐色；翅室 m_3 闭合，末端有短柄。平衡棒柄部黄色，端部褐色。

腹部深褐色，被密的灰白粉，各腹节后缘浅黄色。腹部被稀疏的白毛。

雌　未知。

观察标本　正模 ♂，新疆和靖（2 600 m），1958. Ⅶ. 28，李常广（IZCAS）。副模：1 ♂，新疆新源（850～1 200 m），1957. Ⅷ. 23，汪广（IZCAS）；1 ♂，新疆巴仑台（2 350 m），1960. Ⅴ. 27，王书永（IZCAS）；1 ♂，新疆库尔勒，1991. Ⅶ. 8，何俊华（IZCAS）。

分布　新疆（和靖、新源、巴仑台、库尔勒）。

讨论　该种额在触角水平强烈向前突起是其特点。

词源学　该种以其突出的额命名。

（39）乌苏亮丽剑虻，新种 *Psilocephala wusuensis* sp. nov. （图版 34）

雄　体长 9.8 mm，翅长 8.0 mm。

头部深褐色，被灰白粉，额黑色。头部从单眼瘤、侧颜、颊到后头完全无毛，上后头有一些黑色的眼后鬃。复眼在上额几乎相接。触角深褐色，被粉；柄节和梗节被黑色长鬃；柄节圆柱形；梗节球形；第 1 鞭节锥形；第 1 鞭节末端有 2 节端刺且有 1 根小刺；触角比率：4.5：1.0：3.5：0.8。喙褐色，基部被黑毛，端部被黄毛；下颚须褐色，被黄毛。

胸部深褐色，被灰白粉。胸部除下前侧片有 1 撮黄毛外几乎无毛。背侧鬃 3 对，翅上鬃 2 对，翅后鬃 1 对，背中鬃 2 对，小盾鬃 2 对。足基节和股节深褐色，被灰白粉，胫节和跗节褐色。股节被稀疏的鳞状白毛，足被黑鬃。前足基节有前鬃 2 根，前腹鬃 2 根；中足基节有前鬃 2 根；后足基节有前鬃 2 根，背鬃 1 根。前足股节有前腹鬃 3 根，后腹鬃 5 根；后足股节有前腹鬃 6 根，后腹鬃 5 根。前足胫节有前背鬃 3 根，后背鬃 4 根，后腹鬃 5 根，端鬃 5 根；后足胫节有前背鬃 8 根，前腹鬃 8 根，后背鬃 6 根，后腹鬃 5 根，端鬃 4 根。翅透明，带褐色；翅痣非常窄，褐色，位于 R_1 脉末端；翅脉深褐色；翅室 m_3 在翅缘闭合。平衡棒基部黄色；端部深褐色。

腹部深褐色，被灰白粉；每节腹节后缘浅黄色。腹部几乎无毛，仅被稀疏的白毛，腹部末端被黑毛。

雌　体长 10.1～10.5 mm，翅长 7.1～8.7 mm。与雄性近似，但额有 1 块心形亮褐色胛；复眼在上额分离，间距为单眼瘤的 2 倍。

观察标本　正模 ♂，新疆乌苏（420～460 m），1957. Ⅵ. 25，洪淳培（IZCAS）。副模：1 ♀，新疆乌苏车排子（280 m），1957. Ⅵ. 21，汪广（IZCAS）；2 ♀♀，新疆乌苏（420～460 m），1957. Ⅵ. 25，洪淳培（IZCAS）。

分布　新疆（乌苏）。

讨论　主要根据胫节和跗节褐色与勐龙亮丽剑虻 *Psilocephala menglongensis* sp. nov. 区分。

词源学　该种以其模式产地乌苏命名。

13. 环剑虻属 *Procyclotelus* Nagatomi *et* Lyneborg, 1987

Procyclotelus Nagatomi *et* Lyneborg, 1987. Kontyû 55: 117. Type species: *Procyclotelus elegans* Nagatomi *et* Lyneborg, 1987 (original designation).

属征 额在触角基部处显著隆起。触角第 1 鞭节末端外侧形成凹缺，内含端刺。背侧鬃 3~5 根，翅上鬃 2 根，翅后鬃 1~2 根，背中鬃 0 根，小盾鬃 1~2 根。前胸腹板被或不被毛。中足基节后面无毛。雄性外生殖器缩进腹部，第 9 背板末端通常变短，有 2 个尖后侧突；生殖基节腹面宽相接；阳茎射精侧突腹面观环状。

讨论 环剑虻属分布在古北区和东洋区。该属全世界已知 2 种，我国分布 1 种。

(40) 中华环剑虻 *Procyclotelus sinensis* Yang, Zhang *et* An, 2003 （图 40）

Procyclotelus sinensis Yang, Zhang *et* An, 2003. Acta Zootaxon. Sin. 28 (3): 546. Type locality: China: Sichuan.

雄 体长 9.9 mm，翅长 10.0 mm。

头部黑色，被浅灰粉；下额中部亮黑色，上额和单眼瘤深黑色。头部被白毛；上后头被黑毛和黑色的眼后鬃；上额和单眼瘤被稀疏的黑色短毛。触角柄节深棕黄色，梗节和鞭节深褐色，被黑毛；端刺非常短，位于第 1 鞭节近末端的长凹缺里。喙黑色，被黑毛；下颚须末端轻微膨大，黑色，被黑毛。

胸部黑色，被稀薄的浅灰色粉；侧板有 1 条暗黑色的横带位于上前侧片和下前侧片前部。胸部被白毛，中胸背板被很短的黑白混合的毛，侧板仅前胸侧板、上前侧片和后侧片被毛；中胸粗鬃黑色。背侧鬃 3 根，翅上鬃 2 根，翅后鬃 2 根，背中鬃 0 根，小盾鬃 1 根。足黑色，前足和中足股节末端黄色，前足胫节和跗节、后足胫节深褐色，中足胫节、中足和后足第 1~3 跗节黄色，中足和后足第 4~5 跗节深褐色。足上的毛和鬃黑色；基节被白毛和黑鬃；股节被白色的短伏毛。前足股节有前腹鬃 2 根；后足股节有前腹鬃 4~5 根，腹鬃 2~3 根。前足胫节有前背鬃 3 根，后背鬃 6 根，后腹鬃 6 根；中足胫节有前背鬃 3 根，后背鬃 4 根，前腹鬃 2 根，后腹鬃 4 根；后足胫节有前背鬃 10 根，后背鬃 9~10 根，前腹鬃 8~10 根，后腹鬃 9~10 根。翅近乎透明，前缘黄色且端部带灰褐色；翅痣窄而长，褐色；翅脉深褐色。平衡棒深褐色。

腹部黑色，被灰白粉；腹部第 2~3 背板前侧区无粉，第 4 背板侧区无粉。腹部的毛短，稀疏，黑色或白色；背板中间大部分区域被黑毛，且侧区被白毛；第 9 腹板完全被黑毛。

雄性外生殖器：第 9 背板宽于长，末端明显凹缺，后侧角突出不显著。尾须短且末端圆。生殖基节宽于长，末端钝。生殖刺突长而粗。阳茎基部相当宽，阳茎背突前缘凹缺浅，且前侧角突出不显著。

雌 体长 9.0 mm，翅长 7.3 mm。大部分特征与雄性近似，但复眼在额上分开的距离最窄处与单眼瘤等宽。

观察标本　正模 ♂，四川峨眉山（800~1 000 m），1957. V . 29，黄克仁。1♀，西藏察隅吉公（2 400 m），1978. Ⅵ. 22，李法圣（CAU）；2 ♂ ♂，云南永平，1983. V . 31，吴建毅（SEMCAS）。

分布　四川（峨眉山）、云南（永平）、西藏（察隅）。

讨论　该种第1鞭节末端有长凹缺，内含端刺；阳茎背突前缘凹缺浅，且前侧角突出不显著。

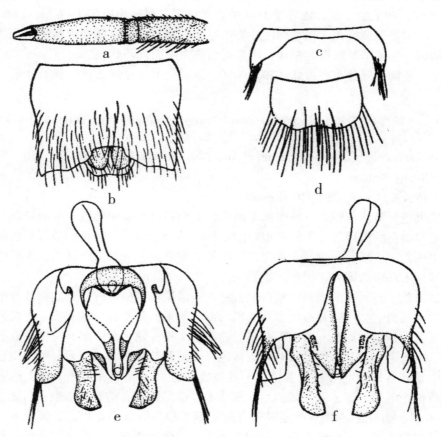

图 40　中华环剑虻 *Procyclotelus sinensis* Yang, Zhang *et* An（♂）
a. 触角（antenna）；b. 第9背板（tergite 9）；c. 第8背板（tergite 8）；
d. 第8腹板（sternite 8）；e. 生殖体，背视（genital capsule, dorsal view）；
f. 生殖体，腹视（genital capsule, ventral view）。

14. 剑虻属 *Thereva* Latreille, 1796

Thereva Latreille, 1796. Préc. carac. gén. Ins.: 167. Type species: *Musca plebeja* Linnaeus, 1758（subsequent monotypy）.

属征　雄性额最窄处宽较前单眼窄；雌性额在触角水平宽为单眼瘤宽的 2.0~3.0

倍。雌性额通常有由不同颜色绒毛组成的图案和中央闪亮的胛，一些种在额突起的区域有 2 块胛。雄性的额被多变的绒毛和粉，少量种仅被 1 块闪亮的胛。雌雄头部宽；雌雄复眼的小眼大小一致。额、侧颜和颊被长而细的毛。柄节 0.8~1.2 倍于第 1 鞭节；端刺 2 节，位于鞭节末端，且有 1 根小刺；下颚须 1 节。背侧鬃 3~5 根，翅上鬃 1~2 根，翅后鬃 1 根，背中鬃 0~2 根，小盾鬃 2 根；雄性中胸背板被长且密的毛；雌性中胸背板被两种毛：一种短且直立，通常深色；另一种倒伏，褐色。前胸腹板被长毛。翅室 m_3 开放或闭合，颜色从透明变化至杂色；翅痣浅色至深褐色。前足基节有 2~5 根端鬃；中足基节前后面都被长毛；股节有前腹鬃，有时前足或中足前腹鬃缺失。腹部宽度适中，向末端突然变窄。雄性外生殖器：第 9 背板宽于长，后侧角不长于尾须；肛下板由尾须下的骨片和 2 个与第 9 背板后侧角相连的骨片组成；第 9 腹板窄；生殖基节后缘圆，有明显的生殖基节外突；阳茎小且简单，阳茎背突宽于且长于腹面突，端阳茎短且轻度向下弯曲。

讨论　剑虻属 *Thereva* 世界性分布，是剑虻科中最大的属，最早人们把所有剑虻科的种都放入该属，随着后人的逐渐修订，再将种以不同的属征移出。该属新北区的整理已经基本完成，但世界其他区域的分类研究还有待完善。中国已知 3 种，其余种作为新种记录，但其准确性有待进一步验证。

种检索表

1.	中胸背板最多有 1 条浅色中纵带；触角主要黄褐色 …………………………	2
	中胸背板有 3 个暗色中纵带；触角黑色或褐色 …………………………	3
2.	中胸背板有 1 条黄色的宽中带 ………… 兰州剑虻，新种 *T. lanzhouensis* sp. nov.
	中胸背板无黄色中带 ………………………… 橘色剑虻 *T. aurantiaca*
3.	中胸背板 3 带斑窄，相互宽的分开 ………… 多鬃剑虻，新种 *T. polychaeta* sp. nov.
	中胸背板 3 带斑宽，相互窄的分开 ………………………… 4
4.	腹部粉稀薄而近亮黑色 ………………… 明亮剑虻，新种 *T. splendida* sp. nov.
	腹部粉密，不呈亮黑色 ………………………… 5
5.	体毛长而密 ………………………… 满洲里剑虻 *T. manchoulensi*
	体毛短而稀少 ………………………… 绥芬剑虻 *T. suifenensis*

（41）橘色剑虻 *Thereva aurantiaca* Becker, 1912 （图版 35）

Thereva aurantica Becker, 1912. Verh. Zool. Bot. Ges. Wien. 547. Type locality：Unknown.
Thereva athericiformis Kröber, 1912. Dtsch. Ent. Z. 1912：681. Type locality：Turkey：Issyk-Kul.

雄　体长 9.3 mm，翅长 9.1 mm。

头部黑色，有密的灰白粉，额多灰黄粉。复眼在额几乎相接。毛暗黄色；上后头的毛和鬃部分黑色；单眼瘤毛全黑色；前额的毛黑色；颜全有毛，上部的毛部分黑色。颊毛多数黑色。触角暗褐色，但基部 2 节黄褐色，第 3 节基部暗黄褐色。触角基部 2 节有黑色的毛和鬃，基节基部有少数暗黄毛。触角比率：15：5：19.5：4。喙暗褐色，有褐毛；须暗褐色，有暗黄毛。

胸部黑色，有密的白粉。胸背的粉多灰黄。毛暗黄色，鬃黑色。中胸背板毛多褐色，边缘毛多暗黄色。小盾片毛多暗黄色，少数褐色。5 根背侧鬃，2 根翅上鬃，1 根翅后鬃，2 根小盾前鬃；2 对（4 根）小盾鬃几乎等长。足暗黑褐色；基节黑色；前中足腿节端部 1/3 和后足腿节除基部 1/3 外，其余暗黄色，胫节和跗节暗黄色，前足基跗节末端往外和中后足第 2 跗节末端往外暗褐色。足的毛和鬃黑色，基节毛全暗黄色，前中足腿节除端部外毛全暗黄色，后足腿节基部背毛暗黄色。前足腿节有 4 根前腹鬃。中足腿节有 6 根前腹鬃。后足腿节有 8 根前腹鬃。前足胫节有 5 根前背鬃、2 根后背鬃和 3~4 根后腹鬃，末端有 5 根鬃。中足胫节有 5 根前背鬃、3 根后背鬃、2 根前腹鬃和 2 根后腹鬃，末端有 6 根鬃。后足胫节有 6~8 根前背鬃、7~9 根后背鬃和 4~5 根前腹鬃，末端有 5 根鬃。翅白色透明，端部灰褐色，盘室基部和端部有斜向的灰褐色；脉暗褐色。平衡棒暗褐色，近基部暗黄色。

腹部黄褐色，主要稀有灰白粉；1~2 背板黑色，第 2 背板后侧区黄褐色。腹部背面除第 1 背板的毛黄色和后缘有密的暗黄毛簇外，其余部位的毛多浅黑色；腹面的毛暗黄色，末端的毛黑色。

分布　青海（柴达木）；土耳其，哈萨克斯坦，土库曼斯坦，乌兹别克斯坦，塔吉克斯坦，吉尔吉斯斯坦，蒙古。

讨论　该种触角暗褐色，但基部 2 节黄褐色，第 3 节基部暗黄褐色。前中足腿节端部和后足腿节除基部 1/3 外，其余暗黄色。翅白色透明，端部灰褐色，盘室基部和端部有斜向的灰褐色。

（42）兰州剑虻，新种 *Thereva lanzhouensis* sp. nov. （图 41；图版 36）

雄　体长 8.5 mm，翅长 6.3 mm。

头部黄褐色，被浅灰粉。单眼瘤和额被黑毛；额基部、颊和全部后头被浓密的黄毛；后头被 1 排黑色的眼后鬃。单眼橘黄色。复眼红褐色，在额上几乎相接。触角黄褐色；柄节圆柱形，被密的灰白粉，端部被粗壮的黑鬃；梗节卵形也被一些黑鬃；第 1 鞭节基部较其余部分宽且端刺位于第 1 鞭节末端，末端有小刺；触角比率：2.4∶1.0∶4.8∶0.6。喙中部黑色，且边缘黄色，被黄毛；下颚须黄色，被黄毛。

胸部黑色，被灰白粉；中胸背板有 1 条黄色的宽中带。胸部被浓密的黄毛，背板中央区域无毛且稍带光泽，背板其余部分的毛短；而前胸腹板和侧板被长毛。背侧鬃 5 对，翅上鬃 2 对，翅后鬃 1 对，背中鬃 1 对，小盾鬃 2 对。足黄色，除基节和前足、中足股节上部黑色，被灰白粉，胫节末端深褐色。足的毛和鬃黑色，但基节和股节被浅黄色长毛。前足基节有前鬃 2 根，前腹鬃 2 根；中足基节有前鬃 1 根，前背鬃 1 根，背鬃 1 根；后足基节有前腹鬃 9~10 根，后腹鬃 3~4 根。前足胫节有前背鬃 4~5 根，后背鬃 4 根，后腹鬃 4 根，端鬃 5 根；中足胫节有前背鬃 3 根，后背鬃 3~4 根，前腹鬃 3 根，后腹鬃 3 根，端鬃 5 根；后足胫节有前背鬃 6~9 根，后背鬃 8 根，前腹鬃 5~7 根，后腹鬃 5 根，端鬃 6 根。翅透明，带黄色；翅痣窄且黄色，位于 R_1 脉末端；翅脉黄色；翅室 m_3 闭合，末端具短柄，翅室 *cup* 闭合。平衡棒柄部黄色，端部棕黄色。

腹部黄色，有光泽，几乎无粉，但第 1 腹节黑色，且第 2~6 背板各有 1 个黑色的中点斑，第 4~6 腹板中部区域黑色。腹部全被黄毛，但第 6~7 背板和尾器混有一些黑毛。

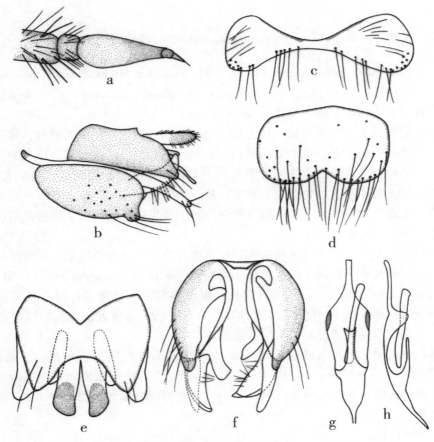

图 41　兰州剑虻 *Thereva lanzhouensis* sp. nov.（♂）

a. 触角（antenna）；b. 外生殖器，侧视（genitalia, lateral view）；c. 第 8 背板（tergite 8）；
d. 第 8 腹板（sternite 8）；e. 第 9 背板和尾须（tergite 9 and cerci）；f. 生殖体，背视
（genital capsule, dorsal veiw）；g-h. 阳茎，腹视和侧视（phallus, ventral and lateral views）。

雄性外生殖器：第 9 背板宽为长的 1.2 倍，基部有三角形宽凹缺，端部有半圆形宽凹缺。尾须近乎长方形，末端钝圆。第 9 腹板窄梯形。生殖基节外突相当短且钝圆；生殖基节内突长为生殖基节外突的 4 倍，与生殖刺突等长。生殖刺突轻微内弯。端阳茎粗壮，背部隆起，有宽背侧缘；背面突两侧腹向弯曲；腹面突窄，基部有半圆形浅凹缺。

雌　未知。

观察标本　正模 ♂，甘肃兰州沙漠研究所（CAU）。副模：1 ♂，甘肃兰州白塔，1985. Ⅵ. 10（CAU）；1 ♂，新疆伊宁，2005. Ⅶ. 22，罗朝辉（CAU）。

分布　甘肃（兰州）、新疆（伊宁）。

讨论　该种与黄尾剑虻 *Thereva flavicauda* Coquillett 近似，特别是体色都为黄色，但生殖器有差别，黄尾剑虻分布于新北区，而兰州剑虻主要分布在中国内陆地区。

词源学　该种以其模式产地兰州命名。

（43）满洲里剑虻 *Thereva manchoulensis* Ôuchi，1943 （图版 37）

Thereva(*Thereva*) *manchoulensis* Ôuchi，1943. Shanghai Sizenkagaku Kenkyusho Iho. 13 (6)：483. Type locality：China：Inner Mongolia，Manzhouli；Heilongjiang，Suifenghe.

雄　体长 8.5~10.0 mm，翅长 6.8~8.0 mm。

头部复眼在额上部几乎相接；额上部黑色，下部灰白色。单眼瘤黑色，被暗黄粉和淡黄毛。侧颜灰白色，被白毛。后头灰白色，被白毛和黑色的眼后鬃，后头上半部有些毛呈黄色。复眼分开，下面 1/3 部分黑蓝色，上面 2/3 部分赤黑褐色，复眼表面被毛；下方小眼小于上方小眼。触角黑色，被灰白粉；梗节前缘和第 1 鞭节基部黄褐色，被淡黄毛，梗节末端环被短黑鬃，第 1 鞭节被灰白粉。喙黑褐色，唇瓣下缘被黄褐色毛；下颚须褐色，被灰白毛。

胸部背板灰黄色，有 3 条黑褐纵带，且被淡黄毛。小盾片全被毛。侧胸暗灰色，上前侧片、上后侧片和下前侧片被淡黄毛。前胸侧片被淡黄毛。足基节被灰白粉和白毛；转节和股节黑褐色，被白毛；胫节黄褐色，末端颜色暗，被黑鬃；跗节黄褐色，除第 1~3 跗节末端及第 4~5 跗节色暗，被黑毛；爪赤褐色，末端黑色，爪垫淡黄色。翅灰色透明，翅痣及翅脉橙黄色。平衡棒黄褐色。

腹部背板黑褐色，被灰淡黄粉；第 2~5 背板基部各有黑褐三角斑，两侧灰白色，第 2~7 背板后缘明显呈淡黄色，第 1、6~8 背板灰白色。背板被黑褐毛，三角斑上被黑毛，其余部分被淡黄毛。腹板灰白色，第 2~7 腹板后缘淡黄色，第 3~5 腹板后缘带斑。尾器黄褐色。

雌　未知。

观察标本　副模 1 ♂，黑龙江齐齐哈尔，1937. Ⅶ. 24（SEMCAS）。

分布　黑龙江（齐齐哈尔、绥芬河）、内蒙古（满洲里）。

（44）多鬃剑虻，新种 *Thereva polychaeta* sp. nov. （图 42；图版 38）

雄　体长 11.5 mm，翅长 9.5 mm。

头部黑色，被密的灰白粉，但额无粉且亮黑色。头部浓密的黄毛延伸至内侧颜、颊大部分区域及全部后头；额、外侧颜、颊外缘和上后头被黑毛，上后头也被一些黑色的眼后鬃。复眼红褐色，在上额几乎相接。触角褐色，被浓密灰白粉，但梗节、第 1 鞭节基部和端刺浅褐色；柄节上的黑鬃相当长且有些非常粗壮，在梗节和第 1 鞭节基部的鬃短；柄节圆柱形；梗节圆形；第 1 鞭节基部最宽；端刺 2 节，位于第 1 鞭节末端且有 1 根小刺；触角比率：4.0：1.0：4.4：0.7。喙深褐色，被棕黄色短毛；下颚须棕黄色，被黄毛。

胸部深褐色，被灰白粉，但中胸背板和小盾片仅被薄粉且有光泽；中胸背板有 2 条宽灰带，被 3 条黑色窄带分开。背板被短黑毛且边缘有少许黄毛；前胸腹板和侧胸被浓密的黄毛，但下前侧片中部被黑毛；胸部粗鬃黑色。背侧鬃 4 对，翅上鬃 2 对，翅后鬃 1 对，背中鬃 2 对，小盾鬃 2 对。足基节和股节深褐色，被灰白粉；胫节和跗节棕黄色，但末端深褐色，爪垫浅黄色。基节和股节被黄毛，但混合少许黑毛，后足股节仅被稀疏的鳞状短伏毛，足上的鬃深褐色至黑色。前足基节有前鬃 1 根，前腹鬃 1 根；中足基节有前鬃 2 根；后足基节有前鬃 5 根，背鬃 1 根。前足股节有前腹鬃 3 根；中足股节有前腹鬃 3~5 根，后腹鬃 3 根；后足股节有前腹鬃 9~12 根，后腹鬃 9 根，腹鬃 3 根。前足胫节有前背鬃 4~5 根，后背鬃 5 根，后腹鬃 2 根，端鬃 5~6 根；中足胫节有前背鬃 4~5 根，后背鬃 4~5 根，前腹鬃 4 根，后腹鬃 4~5 根，端鬃 7 根；后足胫节有前背鬃 10~12 根，后背鬃 8 根，前腹鬃 9~14 根，后腹鬃 6~7 根，端鬃 4~5 根。翅棕黄色，中部区域深褐色；翅痣窄，深褐色，位于 R_1 脉末端；翅脉深褐色；翅室 m_3 闭合，末端具短柄。平衡棒柄部棕黄色，端部深褐色。

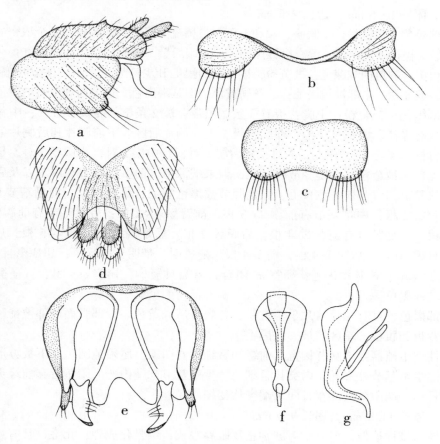

图 42　多鬃剑虻 *Thereva polychaeta* sp. nov.（♂）

a. 外生殖器，侧视（genitalia, lateral view）；b. 第 8 背板（tergite 8）；c. 第 8 腹板（sternite 8）；

d. 第 9 背板和尾须（tergite 9 and cerci）；e. 生殖体，背视（genital capsule, dorsal view）；

f–g. 阳茎，腹视和侧视（phallus, ventral and lateral views）。

腹部被稀薄的灰白粉，背板中部深褐色，背板和腹板两侧区域褐色；尾器棕黄色。侧腹部和腹板被黄毛；背板中部被稀疏的棕毛，且混合黄毛。

雄性外生殖器：第9背板宽大，前后缘均有凹缺。肛下板长于尾须。生殖基节内突和外突皆短。阳茎背突大，端阳茎腹向弯曲。

雌 未知。

观察标本 正模 ♂，宁夏六盘山（2 300 m），1980. Ⅶ. 15，李法圣（CAU）。

分布 宁夏（六盘山）。

讨论 该种特点是体壮多毛，易与其他种区分开。

词源学 该种以其体表多毛命名。

（45）明亮剑虻，新种 *Thereva splendida* sp. nov. （图43；图版39）

雄 体长 10. 5 mm，翅长 7. 5 mm。

头部黑色，被金粉。单眼瘤、额和上侧颜被稀疏的黑毛；侧颜各有 1 个浓密的浅黄色毛丛；后头被稀疏的白毛，混合少许黑鬃，但无眼后鬃。单眼橘黄色。复眼红褐色，在上额几乎相接。触角柄节深色，被黄粉，被稀疏的黑毛和少许黑色端鬃，梗节和鞭节残缺。喙黑色，被金粉，中部被短褐毛；下颚须黄色，但基部黑色，被金粉和浓密的黄色长毛。

胸部黑色，被金粉；中胸背板有 3 条宽黑带，被 2 条窄的亮黄带分开；中胸背板被薄粉，故有光泽。胸部被黄毛，前胸腹板、上前侧片后区、下前侧片和后侧片毛被特别浓密。背侧鬃 4~5 对，翅上鬃 2 对，翅后鬃 1 对，背中鬃 1 对，小盾鬃 2 对。足从基节到股节黑色，被金粉；后足胫节棕黄色，但末端深色。前中足胫节和跗节以及后足跗节残缺。从基节到股节被黄色长毛，但是胫节被黑色短毛；足被黑鬃。前足基节有前鬃 2 根，前腹鬃 2 根；中足基节有前鬃 2~3 根，前背鬃 1~2 根；后足基节有前腹鬃 5 根，背鬃 1 根。后足股节有前腹鬃 4 根，后腹鬃 2 根。后足胫节后前背鬃 5 根，后背鬃 5 根，前腹鬃 10 根，后腹鬃 4 根，端鬃 4 根。翅透明，带明显的褐色；翅痣窄且深褐色，位于 R_1 脉末端；翅脉深褐色；翅室 m_3 闭合，末端具短柄，翅室 *cup* 闭合。平衡棒柄部黄色，端部黑色。

腹部黑色，且有光泽，几乎不被粉；各腹节后缘黄色。腹部腹面基部被稀疏的黄色长毛，背板和腹板末端区域被一些黑毛。

雄性外生殖器：第9背板宽，前缘和后缘各有凹缺。尾须钝圆。肛下板方形，较尾须略长。生殖基节外突短，内突长且细弱。生殖基节末端内弯。阳茎背突前缘突起，腹面突短且窄，端阳茎基部宽且向末端突然变细。

雌 体长 11. 8 mm，翅长 9. 0 mm。

雌性与雄性近似，但有以下区别：复眼离眼式；额骨化成胛，无毛，且有光泽；胛三角形。上侧颜的毛较雄性短，浓密的浅黄毛从侧颜延伸到下后头，上后头有 1 排显著的眼后鬃。足从基节到股节黑色，被金粉，胫节和第 1 跗节棕黄色且末端黑色，跗节其余部分几乎为黑色。前足基节有前鬃 1 根，前腹鬃 1~2 根；中足基节有前鬃 2 根，前背鬃 1 根；后足基节有前腹鬃 4~5 根，背鬃 1 根。前足股节无明显的鬃；中足股节有前腹鬃 1 根；后足股节有前腹鬃 4 根，后腹鬃 3 根。前足胫节有前背鬃 4 根，后背鬃 4 根，后腹鬃 4 根，端鬃 8 根；中足胫节有前背鬃 4 根，后背鬃 3 根，前腹鬃 5 根，后腹鬃 4 根，端鬃 7 根；后足胫节有前背鬃 7 根，后背鬃 8 根，前腹鬃 5 根，后腹鬃 4 根，端鬃 8 根。翅痣褐色，较雄性浅。

　　观察标本　正模 ♂，甘肃榆中兴隆山，2007.Ⅷ.20，霍姗（CAU）。副模：1 ♂，宁夏银川贺兰山（2 000 m），2007.Ⅶ.3，姚刚（CAU）；4 ♀♀，内蒙古阿拉善贺兰山（2 000 m），2007.Ⅶ.7-8，董奇彪、姚刚（CAU）；1 ♀，内蒙古阿拉善贺兰山（2 300 m），2007.Ⅶ.10，姚刚（CAU）；2 ♀♀，甘肃榆中兴隆山，2007.Ⅷ.21，霍姗（CAU）。

　　分布　甘肃（榆中兴隆山）、宁夏（银川贺兰山）、内蒙古（阿拉善贺兰山）。

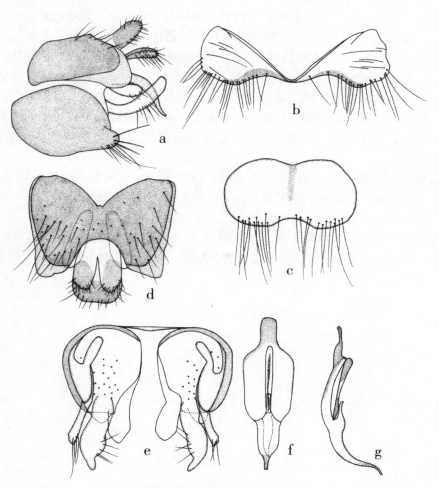

图 43　明亮剑虻 *Thereva splendida* sp. nov.（♂）

a. 外生殖器，侧视（genitalia, lateral view）；b. 第 8 背板（tergite 8）；c. 第 8 腹板（sternite 8）；

d. 第 9 背板和尾须（tergite 9 and cerci）；e. 生殖体，背视（genital capsule, dorsal view）；

f-g. 阳茎，腹视和侧视（phallus, ventral and lateral views）。

讨论　该种阳茎背突前缘突起，与剑虻属其他种类相比，阳茎形状奇特。

词源学　该种以其有光泽的外表命名。

（46）绥芬剑虻 *Thereva suifenensis* Ôuchi, 1943（图版 40）

Thereva（*Athereva*）*suifenensis* Ôuchi, 1943. Shanghai Sizenkagaku Kenkyusho Iho. 13 (6)：484. Type locality：China：Inner Mongolia, Manzhouli；Heilongjiang, Qiqihaer.

雌　体长 9.5~13.0 mm，翅长 8.3 mm。

头部黑色，被灰白粉，额形成有光泽的胛，上后头黄色。侧颜、颊至后头被白毛，上后头被黑色的眼后鬃。额宽为单眼瘤宽的 3 倍。触角褐色，被灰白粉；柄节被黑鬃；柄节圆柱形，梗节卵形；第 1 鞭节基部较宽，顶端有 2 节端刺。触角比率：5.0：1.0：5.0：1.0。喙深褐色，被黄毛；下颚须深褐色，被褐色毛。

胸部黑色，被灰白粉；中胸背板有 3 条深褐色纵带被 2 条灰黄色纵带分开。背板被黄色短毛，侧板被稀疏的白毛；胸部粗鬃黑色。背侧鬃 4 对，翅上鬃 2 对，翅后鬃 1 对，背中鬃残缺，小盾鬃 2 对。足基节黑色，被灰白粉；股节黑色；胫节黄色，末端褐色；跗节褐色，但第 1 跗节基部大部分区域黄色。基节被少许白毛，足上的鬃黑色。翅透明，带褐色，翅痣褐色，翅脉褐色；翅室 m_3 闭合，末端具短柄。平衡棒柄部褐色，端部黄褐色。

腹部黑褐色，被稀薄的灰白粉，有光泽，除第 1 腹节被密的灰白粉，第 2~5 腹节每节具浅黄色后缘。腹部被直立的褐色短毛，第 1 腹节被白色的长伏毛。

雄　未知。

观察标本　副模♀，内蒙古满洲里，1937.Ⅶ.26（SEMCAS）。

分布　内蒙古（满洲里）、黑龙江（齐齐哈尔、绥芬河、博克图）。

二、窗虻科 Scenopinidae

　　小至中型（体长 2. 0～6. 0mm）。体色较暗，背腹有些扁平，有短细毛而无鬃。雄性接眼式，复眼背部小眼面扩大；雌性离眼式。触角柄节和鞭节短；鞭节 1 节，较粗长，末端有微小的刺突。须 1 节。胸部背部稍隆起。足短，无爪间突。前缘脉终止于 M_1 末端；R_1 较短，Rs 柄较短，R_{4+5} 分叉，R_5 终止于翅端或其前；M_1 向前弯向 R_5，终止于翅端前或 R_5 上，M_2 不存在；前缘室狭长，第 1 基室比第 2 基室长，臀室离翅缘前闭合。腹部扁平，可见 8 节。雌性尾须 1 节；有 2 个精囊。

　　窗虻科昆虫世界性分布，目前已知 24 属 350 余种。本文记述我国窗虻科 1 属 11 种，其中包括 7 新种，所有种均属于窗虻亚科 Scenopininae。窗虻亚科是窗虻科中最大的亚科，种类为世界性分布。该亚科与窗虻科其余 2 个亚科的区别在于翅 M_2 脉缺失。

窗虻属 Scenopinus Latreille, 1802

Omphrale Meigen, 1800. Nouve. Class.：29（suppressed by I. C. Z. N., 1963）. Type species：*Musca senilis* Fabricius, 1794 [= *Scenopinus fenestratus*（Linnaeus, 1758）]. （by subsequent monotypy）.

Scenopinus Latreille, 1802. Hist. Nat. Crust. Ins. 3：463. Type species：*Musca fenestralis* Linnaeus, 1758（monotypy）.

Atricha Schrank, 1803. Fauna boica. 3：54. Type species：*Atricha fasciata* Schrank, 1803 [= *Scenopinus fenestratus*（Linnaeus, 1758）]（original designation）.

Cona Schellenberg, 1803. Gattungen der Fliegen：64. Type species：*Musca fenestralis* Linnaeus, 1758（monotypy）.

Hypseleura Meigen, 1803. Mag. Insektenk. 2：273. Type species：*Musca senilis* Fabricius, 1794 [= *Scenopinus fenestratus*（Linnaeus, 1758）].

Scenopius Agassiz, 1846. Nom. Zool. Index. Univ.：333. Unjustified emendation.

Astoma Lioy, 1864. Atti Ist. veneto Sci. （3）9：762. Type species：*Nemotelus niger* De Geer, 1776（monotypy）.

Scaenopius Dalla Torre, 1878. Jber. naturh. Ver. Lotos 27（1877）：161. Unjustified emendation.

Lepidomphrale Kröber, 1913. Ann. Mus. Nat. Hung. 11：182. Type species：*Scenopinus niveus* Becker, 1907（monotypy）.

Archiscenopinus Enderlein, 1914. Zool. Anz. 43：25. Type species：*Scenopinus niger* De

Geer，1776.

Lucidomphrale Kröber，1937. Stettin. ent. Ztg. 98：222. Type species：*Scenopinus lucidus* Becker，1902（original designation）.

Omphralosoma Kröber，1937. Stettin. ent. Ztg. 98：222. Type species：*Scenopinus squamosus* Villeneuve，1913（monotypy）.

Paromphrale Kröber，1937. Stettin. ent. Ztg. 98：222. Type species：*Scenopinus glabrifrons* Meigen，1824（original designation）.

属征 体型小。头部高大于长。中胸背板自然隆起。翅室 r_5 末端开放，M_{1+2} 伸达翅缘，CuA_1 脉伸达翅缘。腹部宽。

讨论 该属是窗虻科种类最多分布最广的类群，几乎涵盖所有的动物地理区。其模式种为流明窗虻 *Scenopinus fenestralis*（Linnaeus，1758）［= *Musca fenestralis* Linnaeus，1758］。其下有 4 个种团，即流明窗虻种团 *fenestralis*-group、白带窗虻种团 *albicinctus*-group、梨角窗虻种团 *brevicornis*-group 和卵形窗虻种团 *velutinus*-group。本文记述该属 11 种，其中包括 7 新种。

种 团 检 索 表

1.	触角鞭节细长；翅 R_4 脉从翅室 r_5 中部前伸出；雄性第 9 背板分 4 叶 ············· ·· 流明窗虻种团 *fenestralis*-group
	触角鞭节短，长不超过宽的 2 倍；翅 R_4 脉从翅室 r_5 中部或后部伸出；雄性第 9 背板最多 分 2 叶 ··· **2**
2.	触角鞭节梨形；翅 R_4 脉从翅室 r_5 中部伸出；雄性第 9 背板基部向腹面扩展 ········· ··· 梨角窗虻种团 *brevicornis*-group
	触角鞭节长卵形；翅 R_4 脉从翅室 r_5 后部伸出；雄性第 9 背板分 2 叶 ·········· **3**
3.	雄性第 9 背板 2 叶不向腹面扩展，显著分开；端阳茎侧突长于端阳茎 ················· ··· 白带窗虻种团 *albicinctus*-group
	雄性第 9 背板 2 叶显著向腹面扩展而接近；端阳茎侧突短于端阳茎 ··· 卵形窗虻种团 *velutinus*-group

流明窗虻种团 *fenestralis*-group

组征 通常体型粗大。触角细长。R_4 脉从翅室 r_5 中部之前伸出。雄性第 9 背板分 4 叶；阳茎分 3 叉。

种 检 索 表

1.	触角短，卵圆形；R_4 从翅室 r_5 中部伸出；腹部很短 ·············· **小窗虻 *S. microgaster***
	触角长，狭窄；R_4 从翅室 r_5 基部 1/3 处伸出；腹部正常 ·············· **中华窗虻 *S. sinensis***

（1）小窗虻 *Scenopinus microgaster*（Seguy，1948）（图 44）

Omphrale microgaster Seguy， 1948. Notes. Ent. Chin. 12：155. Type locality：China："Kouy Tcheou".

Scenopinus microgaster：Kelsey, 1969. Bull. U. S. Natl. Mus. 277：33.

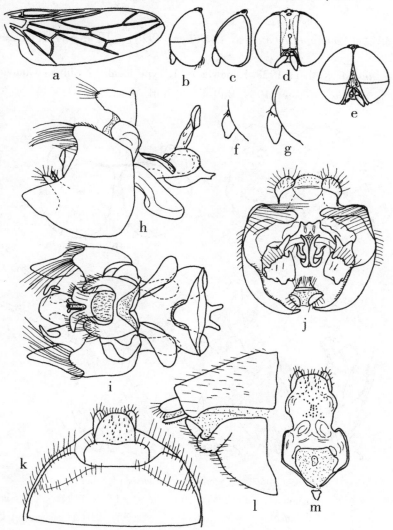

图 44　小窗虻 *Scenopinus microgaster*（Seguy）
a. 翅（wing）；b-c. 雄和雌头部，侧视（male and female heads，lateral view）；
d-e. 雌和雄头部，前视（female and male heads，anterior view）；f-g. 雌和雄触角，侧视
（female and male antennae，lateral view）；h-j. 雄外生殖器，侧视、腹视和后视（male
genitalia，lateral，ventral and caudal views）；k-m. 雌外生殖器，腹视、侧视和后视
（female genitalia，ventral，lateral and caudal views）。
据 Kelsey, 1969 重绘。

雄　体长 3.25 mm，翅长 2.75 mm。

头部额有皱纹，在触角基部的横脊上有 1 个中凹缺。触角短，梨形。翅烟褐色，脉褐色；R₄ 从翅室 r_5 中部伸出。腹部有 3 个窄的白带。

雌　体长 4 mm。额上部 2/3 有 1 个稍翘起的中脊，还有 1 个小凹缺位于中凹缺上。

分布　中国南方（"Kouy Tcheou"）。

讨论　该种触角鞭节短梨形，R₄ 脉从翅室 r_5 中部伸出。

（2）中华窗虻 *Scenopinus sinensis*（Kröber，1928）（图 45；图版 41 a–b）

Omphrale sinensis Kröber，1928. Konowia 7：1. Type locality：China：Guangdong.

Scenopinus sinensis：Kelsey，1969. Bull. U. S. Natl. Mus. 277：41.

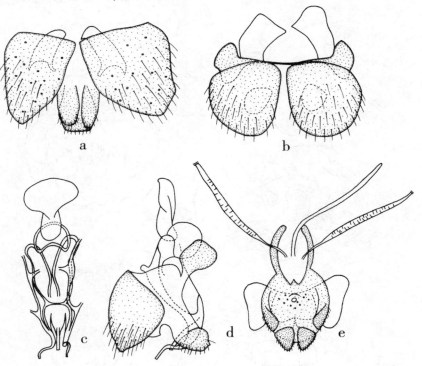

图 45　中华窗虻 *Scenopinus sinensis*（Kröber）

a–d. 雄性生殖器（male genitalia）：a. 第 9 背板（tergite 9）；b. 生殖基节，腹视（gonocoxite, ventral view）；c 阳茎，腹视（phallus, ventral view）；d. 生殖基节，侧视（gonocoxite, lateral view）；

e. 雌性生殖器（female genitalia）。

雄　体长 4.0~4.4 mm，翅长 2.5~3.5 mm。

头部黑色，被稀疏的灰白粉；额呈大长三角形，褐色且有光泽；侧颜被密的灰白粉。颊被稀疏的白毛，头部其余部分几乎无毛。单眼土黄色。复眼仅在前单眼下方接近，然后向触角基部宽分开。触角被灰白粉，柄节褐色，梗节浅褐色，鞭节基部浅褐色并向末端逐渐变深，末端及端刺黑色；触角无长毛；柄节锥形，短；鞭节卵形，略宽于柄节；鞭节长棍形，末端钝圆凹缺，内生端刺。触角比率：1.1：1.0：5.9。喙褐色，被黄褐毛；下颚须褐色。

胸部黑褐色，被灰白粉。中胸背板和下前侧片被短白毛，胸部其余部分几乎无毛。足几乎全部为黄色，股节背面、胫节背面和跗节有时会偏黄褐色；爪垫黄色；爪黑褐色。基节到胫节被灰白粉和白毛；后足基节后面有 3 根长毛。翅黄色透明；翅脉黄褐色，R_1 脉近乎与 Sc 脉窄分离，R_{2+3} 脉结束于翅缘，R_4 脉从翅室 r_5 中前部伸出；翅室 r_5 开放。平衡棒土黄色，端部浅黄色。

腹部褐色，被黄褐粉。腹部的被短白毛。腹部末端钝圆。

雄性外生殖器：第 9 背板两叶各自呈三角形，末端较钝圆。生殖基节和生殖基节前突较大，生殖刺突短粗。第 9 腹板中部细长收缩。端阳茎侧突略长于端阳茎。

雌　体长 5.0 mm，翅长 4.0 mm。大部分特征与雄性近似，但有以下区别：复眼在额上宽分开，间距约为前单眼宽度的 3 倍。触角比率：0.9：1.0：6.9。胸部和腹部被较浓密的白毛。腹部较粗大。

观察标本　3♂♂，北京海淀中国农业大学，1956.VI.7，杨集昆（CAU）；1♀，北京海淀中国农业大学，1958.VI.2，杨集昆（CAU）。

分布　广东、北京（海淀）。

讨论　该种触角鞭节长棍形，R_4 脉从翅室 r_5 基部伸出。

白带窗虻种团 *albicinctus*-group

组征　体中型，通常比流明窗虻种团 *fenestralis*-group 的种类小。触角长仅为宽的 2 倍。R_4 脉从翅室 r_5 端部伸出。雄性第 9 背板分 2 叶，且不向腹面扩展而相互显著分开；端阳茎侧突通常长于端阳茎。

种　检　索　表

1. 翅褐色 ··· 2
   翅白色透明，带黄色 ··· 4
2. 体被黄粉和黄毛 ··· 宽窗虻，新种 *S. latus* sp. nov.
   体不同时被黄粉和黄毛 ·· 3
3. 平衡棒白色，但基部赤褐色 ··· 关岭窗虻 *S. papuanus*
   平衡棒褐色 ·· 5
4. 平衡棒基部黄色，端部褐色；中胸背板被黄毛 ··················· 梯形窗虻，新种 *S. trapeziformis* sp. nov.
   平衡棒褐色，端部浅褐色；中胸背板被褐毛 ············· 西藏窗虻，新种 *S. tibetensis* sp. nov.
5. 平衡棒全深褐色；腿节和胫节全褐色或黑褐色 ··················· 张掖窗虻，新种 *S. zhangyensis* sp. nov.
   平衡棒基部褐色，端部浅黄色 ··· 6
6. 胫节黄色；股节全浅褐色 ··· 细长窗虻，新种 *S. tenuibus* sp. nov.
   胫节黑褐色；股节末端土黄色 ······························· 双叶窗虻，新种 *S. bilobatus* sp. nov.

（3）双叶窗虻，新种 *Scenopinus bilobatus* sp. nov.（图46；图版41 c–d）

雄 体长2.3 mm，翅长2.5 mm。

头部亮黑色，几乎不被粉；额狭长，近触角基部呈三角状；侧颜被密的灰白粉。颊被白毛，头部其余部分几乎无毛。单眼橘红色。复眼几乎在额上相接，中间仅留一条小缝。触角褐色，被灰白粉；触角无长毛；柄节锥形，短；梗节卵形，略宽于柄节；鞭节长锥形，末端凹缺，内生端刺；触角比率：0.8 : 1.0 : 5.0。喙黄色，被短褐毛；下颚须黄色，被褐毛。

胸部亮黑色，几乎不被粉。胸部几乎裸露无毛。足从基节到胫节黑褐色，除股节末端土黄色；跗节浅黄色，但端部褐色；爪垫黄色；爪黑褐色。足被灰白粉和白毛；后足基节后面无毛。翅透明，带浅黄色；翅脉浅黄色，R_1脉近乎与Sc脉重合，R_{2+3}脉几乎终止于R_1脉末端，R_4脉从翅室r_5中后部伸出；翅室r_5开放。平衡棒基部褐色，端部浅黄色。

腹部黑褐色，第1背板及第3~6背板浅黄色。腹部的毛为黄色。腹部末端钝圆。

雄性外生殖器：第9背板两叶各呈锐角三角形。尾须短，肛下板超过尾须。生殖基节小，生殖基节前突末端膨大，生殖刺突分2叶。端阳茎侧突细长，端阳茎短。

雌 未知。

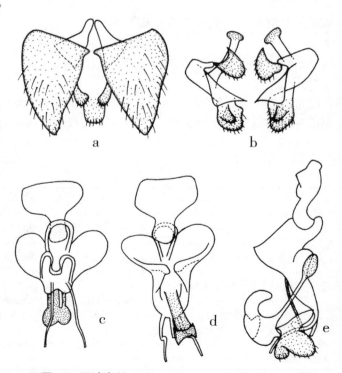

图46 双叶窗虻 *Scenopinus bilobatus* sp. nov.（♂）

a. 第9背板和尾须（tergite 9 and cerci）；b. 生殖体，腹视（genital capsule, ventral view）；

c–e. 阳茎，腹视、背视和侧视（phallus, ventral, dorsal and lateral views）。

观察标本　正模 ♂，新疆绿珠咸泉，2010.Ⅴ.14，罗朝辉（XIEGCAS）。

分布　新疆（绿珠）。

讨论　该种与清透窗虻 *S. lucidus* Becker，1902 近似，特别是端阳茎侧突细长且长于端阳茎。但该种雄性尾须短，生殖基节前突末端膨大，生殖刺突分 2 叶。

词源学　该种以其生殖刺突分 2 叶命名。

（4）宽窗虻，新种 *Scenopinus latus* sp. nov.（图47；图版 42 a–b）

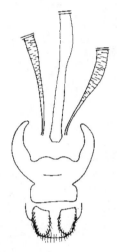

图47　宽窗虻 *Scenopinus latus* sp. nov.（♀）
生殖器（genitalia）。

雌　体长 4.5~5.0 mm，翅长 3.9~4.0 mm。

头部黑色；额宽；侧颜被白粉。头部几乎无毛，仅颊被黄色短绒毛。复眼在额上宽分离，约为前单眼宽度的 5 倍。触角柄节和梗节褐色，鞭节黄褐色；柄节和梗节短，梗节宽于柄节，鞭节长卵形，末端外侧凹缺，内生端刺；触角比率：1.0∶1.0∶6.0。喙褐色，被黄粉；下颚须黑色，被黄色短毛。

胸部黑色，被黄粉，且无毛。足从基节到胫节深褐色，被黄粉和稀疏的黄色短毛，跗节黄色，爪垫浅黄色，爪深褐色。翅褐色；翅脉深褐色，R_4 脉从翅室 r_5 后部伸出，翅室 r_5 开放。平衡棒褐色。

腹部黑褐色，被黄粉和黄色短毛，腹部末端钝圆。

雄　未知。

观察标本　正模♀，云南昆明西南联大，1943.Ⅴ.17（CAU）。副模：1♀，云南呈贡，1940.Ⅵ.13（CAU）。

分布　云南（昆明、呈贡）。

讨论　该种体被黄粉和黄色短毛，雌性腹末钝圆，尾须宽大，与肛下板等长。

词源学　该种以其宽大的雌性生殖器命名。

（5）关岭窗虻 *Scenopinus papuanus*（Krober，1912）（图48）

Omphrale papuanus Krober，1912. Suppl. Ent. 1：25. Type locality：China：Taiwan, Kanshirei.
Scenopinus zeylanicus Senior-White，1922. Spolia Zeylan 13：205. Type locality：Sri Lanka.
Scenopinusniger Meigen：Grimshaw，1901. Fauna Hawaiiensis 3：11（not De Geer）.
Scenopinus papuanus：Kelsey，1969. Bull. U. S. Natl. Mus. 277：85.

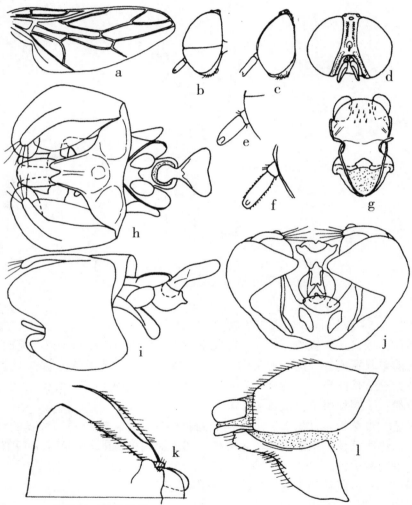

图 48 关岭窗虻 *Scenopinus papuanus*（Krober，1912）

a. 翅（wing）；b-c. 雄和雌头部，侧视（male and female heads, lateral view）；d. 雌头部，前视
（female head, anterior view）；e-f. 雄和雌触角，侧视（male and female antennae, lateral view）；
h-j. 雄外生殖器，腹视、侧视和后视（male genitalia, ventral, lateral and posterior views）；g, k, l.
雌外生殖器，后视、腹视和侧视（female genitalia, caudal, ventral and lateral views）。

据 Kelsey，1969 重绘。

触角黑色。平衡棒白色，但基部赤褐色。

分布 中国台湾（"Kanshirei"）；斯里兰卡，新几内亚，美国（夏威夷）。

（6）细长窗虻，新种 *Scenopinus tenuibus* sp. nov. （图 49）

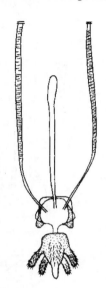

图 49 细长窗虻 *Scenopinus tenuibus* sp. nov. （♀）
生殖器（genitalia）。

雌 体长 3.8~4.1 mm，翅长 2.1~2.6 mm。

头部黑褐色；额宽；侧颜被粉。颊被白毛，头部其余部分几乎无毛。单眼浅黄色。复眼在额上宽分离，近乎为前单眼宽度的 7~8 倍。触角褐色，被短白毛；柄节短锥形；梗节卵形，略宽于柄节；鞭节中部最宽且向两端逐渐变窄，末端凹缺，内生端刺；触角比率：0.4∶1.0∶1.9。喙浅黄色，被白色的短毛；下颚须浅褐色，被白毛。

胸部背板褐色，其余部分浅褐色。中胸侧板被白毛，胸部其余部分几乎无毛。足从基节到股节浅褐色，胫节和跗节黄色，跗节末端浅褐色；爪垫浅黄色；爪褐色；后足基节后面无毛。翅黄色透明；翅脉黄褐色，R_1 脉近乎与 Sc 脉重合，R_{2+3} 脉结束于 R_1 脉末端及翅缘，R_4 脉从翅室 r_5 中后部伸出；翅室 r_5 开放。平衡棒基部褐色，端部浅黄色。

腹部褐色，被白色的短毛。腹部末端逐渐变细。

雄 未知。

观察标本 正模♀，内蒙古东胜，2006.Ⅷ.7，盛茂领（CAU）。副模：1♀，同正模。

分布 内蒙古（东胜）。

讨论 该种体色褐色，显著浅不同种团其他种；雌性生殖器尾须和肛下板均细长。

词源学 该种以其细长的尾须和肛下板命名。

（7）西藏窗虻，新种 *Scenopinus tibetensis* sp. nov. （图 50；图版 42 c）

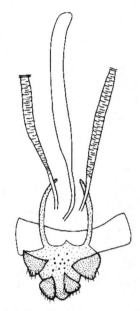

图 50　西藏窗虻 *Scenopins tibetensis* sp. nov. （♀）
生殖器（genitalia）。

雌　体长 4.9 mm，翅长 3.9 mm。

头部黑褐色；额宽；侧颜被粉。颊被褐色和白色的毛，头部其余部分几乎无毛。单眼浅黄色。复眼在额上宽分离，约为前单眼宽度的 5 倍。触角褐色，被白粉；梗节被稀疏的白毛；柄节短锥形；梗节卵形，略宽于柄节；鞭节中部最宽且向两端逐渐变窄，末端外侧凹缺，内生端刺；触角比率：0.5∶1.0∶4.2。喙褐色，被褐色的毛；下颚须黑褐色，被褐色的毛。

胸部背板黑色，中胸背板后缘有 2 个黄色的斑，其余部分深褐色。中胸背板被褐色的短毛，中胸侧板被褐色的毛。足从基节到胫节深褐色，跗节黄色，除第 5 跗节褐色；爪垫浅黄色；爪深褐色。翅褐色；翅脉褐色，R_1 脉与 Sc 脉脉窄分离，R_{2+3} 脉终止于翅缘，R_4 脉从翅室 r_5 中后部伸出；翅室 r_5 开放。平衡棒褐色，端部浅褐色。

腹部褐色，被白色的短毛。腹部末端宽大而钝圆。

雄　未知。

观察标本　正模♀，西藏波密结达（3 050 m），1978. Ⅶ. 14，李法圣（CAU）。

分布　西藏（波密结达）。

讨论　该种体型较大，触角长卵形；雌性生殖器尾须三角形。

词源学　该种以其模式产地西藏命名。

（8）梯形窗虻，新种 *Scenopinus trapeziformis* sp. nov. （图 51；图版 42 d）

雄 体长 4.5 mm，翅长 3.5 mm。

头部黑色，被稀疏的灰白粉；额略宽，从前单眼到触角基部呈长三角形；侧颜被密的灰白粉。颊被褐毛，头部其余部分几乎无毛。单眼橘红色。复眼在额上分离，最窄处与前单眼等宽。触角褐色，被灰白粉；梗节被白毛；鞭节中部宽，两端窄，末端钝圆凹缺，内生端刺；触角比率：0.6：1.0：4.3。喙黑褐色，被黑褐色的毛；下颚须黑褐色，被褐毛。

胸部黑色，被灰白粉。中胸背板和下前侧片被短黄毛，胸部其余部分几乎无毛。足从基节到胫节褐色，跗节褐色至黄褐色；爪垫浅黄色；爪黑褐色。基节到胫节被灰白粉和白毛；后足基节后面被白色的长毛。翅茶色；翅脉茶色到褐色，R_1 脉近乎与 Sc 脉重合，R_{2+3} 脉终止于翅缘，R_4 脉从翅室 r_5 中部伸出；翅室 r_5 开放。平衡棒基部黄色，端部褐色。

腹部褐色，第 1、3、5 和 6 背板浅黄色，被橙黄色的粉。腹部的毛为橙黄色。腹部末端钝圆。

雄性外生殖器：第 9 背板两叶各呈宽三角形。尾须小，肛下板较宽。生殖基节大。端阳茎侧突长于端阳茎。

雌 未知。

观察标本 正模 ♂，青海西宁塔尔寺，1950. Ⅶ. 22，陆宝麟、杨集昆 （CAU）。

分布 青海（西宁）。

讨论 该种与球翅窗虻 *Scenopinus bulbapennis* Kelsey，1969 近似，特别是翅褐色，平衡棒末端褐色。但该种端阳茎侧突直，阳茎末端倒梯形。

词源学 该种以其阳茎末端倒梯形命名。

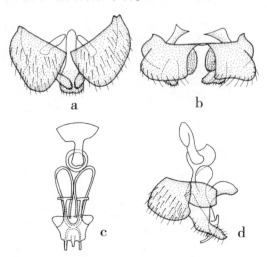

图 51 梯形窗虻 *Scenopinus trapeziform* sp. nov. （♂）

a. 第 9 背板和尾须（tergite 9 and cerci）；b. 生殖体，腹视（genital capsule, ventral view）；
c-d. 阳茎，腹视和侧视（phallus, ventral and lateral views）。

(9) 张掖窗虻，新种 *Scenopinus zhangyensis* sp. nov. （图52）

雄　体长2.9~3.5 mm，翅长2.0~2.5 mm。

头部黑色，被稀疏的灰白粉；额细长，近触角基部呈三角状；侧颜被密的灰白粉。颊被白毛，头部其余部分几乎无毛。单眼浅黄色。复眼几乎在额上相接，中间仅留一条小缝。触角褐色，被灰白粉；触角无长毛；柄节短锥形；梗节卵形，宽于柄节；鞭节长锥形，末端凹缺，内生端刺；触角比率：0.8∶1.0∶3.3。

胸部黑褐色，被稀疏的灰白粉。中胸背板被白毛。足从基节到股节黑褐色；胫节褐色；跗节黄色；爪垫黄色；爪褐色。足被灰白粉和白毛；后足基节后面无毛。翅浅黄色透明；翅脉黄褐色，R_1脉近乎与Sc脉重合，R_{2+3}脉几乎终止于翅缘，R_4脉从翅室r_5中后部伸出；翅室r_5开放。平衡棒深褐色。

腹部黑褐色，且末端钝圆，被白毛，第4~6背板后缘上翻，可见浅黄色的节间膜。雄性外生殖器：第9背板末端尖；尾须和肛下板细长，肛下板长于尾须；生殖基节小，生殖刺突分2叉，侧面观细长且背向弯曲；端阳茎侧突略长于端阳茎。

雌　体长4.0~4.5 mm，翅长3.0~3.4 mm。与雄性近似，但复眼在上额宽分离，为前单眼5倍宽。腹部狭长，末端尖。

观察标本　正模♂，甘肃张掖森林公园（1 530 m），2011.Ⅶ.5，刘思培（CAU）。副模：8♂♂，18♀♀，甘肃张掖森林公园（1 530 m），2011.Ⅶ.5，朱雅君、刘思培、张晓（CAU）。

分布　甘肃（张掖）。

讨论　该种第9背板的形状较特殊，雄性外生殖器与同组其余种差异较大。

词源学　该种以其模式产地张掖命名。

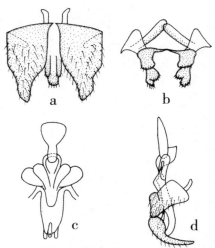

图52　张掖窗虻 *Scenopinus zhangyensis* sp. nov. （♂）

a. 第9背板和尾须（tergite 9 and cerci）；b. 生殖体，腹视（genital capsule, ventral view）；

c-d. 阳茎，腹视和侧视（phallus, ventral and lateral views）。

梨角窗虻种团 *brevicornis*-group

触角鞭节通常为梨形。R_4脉从翅室 r_5 中部伸出，M_1脉和 R_5脉趋于平行且在翅缘处宽分离。雄性第 9 背板基部向腹面扩展。

本文报道我国 1 新纪录种。

（10）光泽窗虻 *Scenopinus nitidulus* Loew，1873（中国新纪录种）（图 53）

Scenopinus nitidulus Loew，1873. Systematische Beschreibung der bekannten europäischen zweiflügeligen Insecten. 3：149. Type locality：Iran：Balfrush.

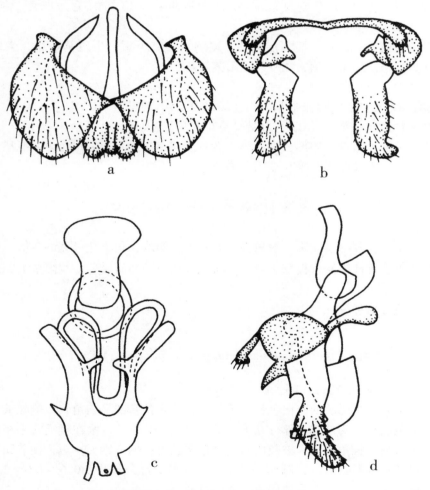

图 53 光泽窗虻 *Scenopinus nitidulus* Loew（♂）

a. 第 9 背板和尾须（tergite 9 and cerci）；b. 生殖体，腹视（genital capsule，ventral view）；

c-d. 阳茎，腹视和侧视（phallus，ventral and lateral views）。

雄　体长 3.0 mm，翅长 2.0 mm。

头部黑色，被灰白粉；额狭长，近触角基部呈三角状；侧颜被密的灰白粉。颊被白毛，头部其余部分几乎无毛。单眼橘红色。复眼在额上几乎相接，中间仅留一条小缝。触角深褐色，被灰白粉；触角无长毛；柄节锥形，短；梗节卵形，略宽于柄节；鞭节中部宽于两端，末端凹缺，内生端刺。触角比率：0.8：1.0：3.0。喙黄色，被短白毛；下颚须黑色，被褐毛。

胸部黑色，被灰白粉。中胸背板和下前侧片被短白毛。足从基节到胫节黑褐色；跗节褐色到黄色，末端为褐色；爪垫黄色；爪黑褐色。足被灰白粉和白毛；后足基节后面无毛。翅透明，带浅黄色；翅脉黄褐色，R_1 脉近乎与 Sc 脉重合，R_{2+3} 脉近乎终止于 R_1 脉末端，R_4 脉从翅室 r_5 端部伸出；翅室 r_5 开放。平衡棒褐色，端部浅黄色。

腹部黑褐色，第 1 背板及第 3~6 背板浅黄色。腹部的毛为白色。腹部末端钝圆。

雄性外生殖器：第 9 背板末端钝圆。尾须长于肛下板。生殖基节小，生殖刺突粗壮。第 9 腹板窄。端阳茎侧突几乎与端阳茎等长。

雌　未知。

观察标本　1 ♂，甘肃张掖东大山，2011. Ⅶ. 9，刘思培（CAU）。

分布　甘肃（张掖）；伊朗，希腊（克里特岛），埃及。

讨论　该种触角鞭节梭形，腹部第 1 背板及第 3~6 背板浅黄色；生殖基节小，生殖刺突粗壮，端阳茎侧突几乎与端阳茎等长。

卵形窗虻种团 *velutinus*-group

体小至中型，腹部宽而圆。触角鞭节通常短，卵形，长不超过宽的 2 倍。R_4 脉从翅室 r_5 端部伸出。雄性第 9 背板分 2 叶，且向显著腹面扩展而接近；端阳茎侧突通常短于端阳茎。

本文记述 1 新种。

（11）北京窗虻，新种 *Scenopinus beijingensis* sp. nov.　（图 54；图版 43）

雄　体长 3.5~4.0 mm，翅长 2.5~3.0 mm。

头部黑褐色，被稀疏的灰白色粉；额狭长，近触角基部呈三角状；侧颜被密的灰白粉。颊被褐色的毛，头部其余部分几乎无毛。单眼橘红色。复眼在额上几乎相接，中间仅留有一条小缝。触角褐色，被灰白粉；触角无长毛；柄节锥形，短；梗节卵形，略宽于柄节；鞭节长锥形，末端钝圆而凹缺，内生端刺；触角比率：0.6：1.0：3.0。喙深褐色，被黄褐色的短毛；下颚须褐色，被褐色的毛。

胸部被灰白粉；中胸背板黑褐色，其余部位褐色。中胸背板和下前侧片被白色的短毛，胸部其余部分几乎无毛。足从基节到胫节褐色，跗节黄褐色至黄色；爪垫黄色；爪

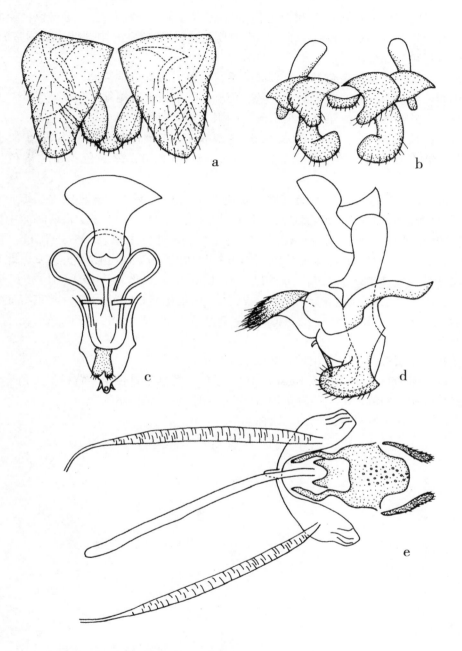

图 54　北京窗虻 *Scenopinus beijingensis* **sp. nov.**　（a–d.　♂；e. ♀）

a. 第 9 背板和尾须（tergite 9 and cerci）；b. 生殖体，腹视（genital capsule, ventral view）；

c–d. 阳茎，腹视和侧视（phallus, ventral and lateral views）；

e. 雌性外生殖器（female genitalia）。

黑褐色。基节到胫节被灰白粉和白毛；后足基节后面有 2 根长毛。翅褐色；翅脉黄褐色，R_1 脉近乎与 Sc 脉重合，R_{2+3} 脉终止于翅缘，R_4 脉从翅室 r_5 中部伸出；翅室 r_5 开放。平衡棒深褐色，端部褐色。

腹部为褐色，被橙黄色的粉。腹部的毛黄褐色。腹部末端钝圆。

雄性外生殖器：第 9 背板两叶各呈三角形，肛下板超过尾须。生殖基节小，生殖基节前突和生殖刺突粗壮。第 9 腹板梯形。端阳茎侧突短小。

雌　体长 3.5~4.2 mm，翅长 2.5~3.5 mm。与雄性类似，但复眼在额上宽分开，约为前单眼宽的 4 倍。触角比率：0.4∶1.0∶4.0。翅褐色；翅脉褐色。腹部较粗大。

观察标本　正模 ♂，北京海淀中国农业大学，1958. Ⅵ. 9，杨集昆（CAU）。副模：1♀，北京海淀中国农业大学，1956. Ⅵ. 1，杨集昆（CAU）；1 ♂，北京海淀中国农业大学，1957. Ⅵ. 5，李法圣（CAU）；1♀，北京海淀公主坟，1957. Ⅵ. 11，杨集昆（CAU）；1♀，北京海淀中国农业大学，1958. Ⅵ. 23，杨集昆（CAU）；1♀，北京海淀中国农业大学，1958. Ⅵ. 27，杨集昆（CAU）；1 ♀，北京，1959. Ⅵ. 15，杨集昆（CAU）；1♀，北京怀柔二台子，1977. Ⅴ. 13，杨集昆（CAU）；1♀，北京海淀中国农业大学，1976. Ⅵ. 20，杨集昆（CAU）；3 ♀♀，北京金山，1986. Ⅵ. 3，王象贤（CAU）。

分布　北京（海淀、公主坟、怀柔、金山）。

讨论　该种与 *S. alalacteus* Kelsey, 1969 近似，特别是雄性第 9 背板呈三角形，端阳茎侧突短且伸向两侧。但该种触角鞭节卵形，翅褐色，雌性尾须窄。

词源学　该种以其模式产地北京命名。

三、小头虻科 Acroceridae

　　小至中型（体长 2.5~21mm）。体形特殊，头部很小，胸部大而驼背，极易识别。体有短毛而无鬃。头部小而圆；雌雄复眼为接眼式，有明显的毛；一般有 3 个单眼，有时无中单眼，偶尔完全无单眼。触角只有 3 节；鞭节仅一节，侧扁的刀形或毛形。胸部通常拱突。爪间突垫状，有时爪垫退化。翅脉序变化很大，分支有减少的趋势；R_{2+3} 多向前弯，R_1 与 R_{2+3} 末端有些接近。腹部多呈球形。雌性尾须 1 节，有 2 个精囊。

　　小头虻科昆虫世界性分布，目前全世界已知 51 属 400 余种。本文记述 3 亚科 8 属22 种，其中包括 6 新种。

亚 科 检 索 表

1.	肩胛发达且连接中胸背板；体呈 90°弯折 ·························· 驼小头虻亚科 Philopotinae
	肩胛小，不连接中胸背板；体膨大平直 ·· 2
2.	触角鞭节显著长于柄节和梗节之和，钝圆或扁平，有时弯曲且无端刺；若鞭节短，就有 2~4 根长端鬃；复眼通常不完全相接；所有的胫节外端缘有尖距，有时有内短距 ········ ··· 帕小头虻亚科 Panopinae
	触角鞭节短，且通常具有端刺，或鞭节鞭状；两性复眼皆为接眼式；胫节无端距 ········ ··· 小头虻亚科 Acrocerinae

（一）驼小头虻亚科 Philopatinae

　　体呈 90°弯折。肩胛发达且连接中胸背板。
　　本文记述我国驼小头虻亚科 1 属 5 种。

1. 寡小头虻属 *Oligoneura* Bigot，1878

Oligoneura Bigot，1878. Bull. Soc. Ent. Fr.（5）8：LXXI. Type species：*Oligoneura aenea* Bigot，1878（monotypy）.

　　属征　体毛很短。眼后胛发达。复眼无毛。触角短小；第 3 节比第 2 节窄，端刺细长，针状。喙很长，约为头高的 3 倍。胸部强烈拱突；前胸背板发达，铠甲状。
　　头小且为球形，复眼后面不凹缺，复眼被毛，后头向后伸出形成尖锐的脊；触角基部大但末端细小；口器长于头高，伸向体后，下颚须存在。肩胛强烈发育，形成中胸背板前缘鞘，体呈 90°弯折，翅脉退化仅基室可见。
　　讨论　寡小头虻属 *Oligoneura* 分布于古北区和东洋区，与其近缘的背高小头虻属

Philopa Wiedemann，1830 主要分布于新热区，且后者口器下颚须缺失。该属全世界已知 14 种，我国已知 5 种。

种 检 索 表

1.　复眼的毛稀疏或几乎裸 ·· 2
　　复眼的毛浓密 ··· 3
2.　复眼被稀疏的毛；中胸背板无纵条斑 ·································· 墙寡小头虻 *O. murina*
　　复眼几乎光裸无毛；中胸背板后部有 3 个浅黑色纵条斑········· 于潜寡小头虻 *O. yutsiensis*
3.　雌雄腹部形状类似，卵圆形，长几乎等于宽 ··················· 安尼寡小头虻 *O. aenea*
　　雌雄腹部锥形且雄性显著细，长明显大于宽 ·· 4
4.　阳茎端窄而有些尖 ··· 高砂寡小头虻 *O. takasagoensis*
　　阳茎端宽而圆 ··· 黑蒲寡小头虻 *O. nigroaenea*

（1）安尼寡小头虻 *Oligoneura aenea* Bigot，1878 （图 57 a）

Oligoneura aenea Bigot，1878. Bull. Soc. Ent. Fr. （5）8：LXXI. Type locality："Japon".
雌雄腹部形状类似，卵圆形，长几乎等于宽。
分布　上海；日本。

（2）墙寡小头虻 *Oligoneura murina*（Loew，1844）（图 55，57 c；图版 2 a–b，44）

Philopota murina Loew，1844. Stettin. Ent. Ztg. 5：163. Type locality：Turkey："Kleinasien und auf der Insel Stanchio"；Greece："Is Istankoi ［= Is Kos］".
Philopota mokanshanensis Ôuchi，1942. J. Shanghai Sci. Inst. （N. S.）2 （2）：32. Type locality：China：Zhejiang.

鉴别特征　前额三角前半部暗黄色或浅黄色。足黄褐色或黄色；但基节浅黑色，前足基节黑色；转节浅褐色；腿节暗黄褐色，末端黄褐色或黄色；胫节腹面浅褐色。腹部黄褐色，背板主要黑色。

雄　体长 4.5~7.1 mm，翅长 4.8~7.5 mm。

头部黑色；前额三角前半部暗黄色。毛很短，黄褐色。触角黑色；第 3 节比第 2 节窄；端刺细长，暗褐色，无毛。触角比率：1.0：3.0：1.0。喙很长，暗黄褐色，基部浅黑色，无毛；须暗褐色，有黄褐毛。

胸部黑色，前胸背板小的后侧角黄褐色；毛很短，黄褐色。足黄褐色或黄色；但基节浅黑色，转节浅褐色；腿节暗黄褐色，末端黄褐色或黄色；胫节腹面浅褐色。足的毛黄褐色，基节的毛暗黄色。翅带浅褐色，端部和后缘近白色透明；脉暗褐色。腋瓣近暗淡的白色，边缘暗黄褐色。平衡棒基部黄色，端部黄色。

腹部暗黄色，但第 1~5 背板黑色，第 2 背板侧缘黄色，第 3~5 背板两侧区黄色，第 6 背板黄色且有窄或宽的基黑斑；第 1~5 腹板浅黑色，但宽或窄的侧缘和后缘区黄褐色。雄性外生殖器黄褐色。毛很短，黄褐色。

雄性外生殖器：第 9 背板前缘有宽凹缺，后缘窄且平截；尾须 2 倍于肛下板长；阳

116

茎鞘宽大，端阳茎有 2 个细侧突。

雌 体长 7.8~8.9 mm，翅长 6.1~8.0 mm。雌性特征几乎和雄性完全近似。

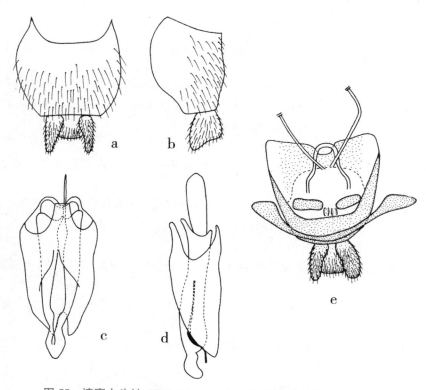

图 55 墙寡小头虻 *Oligoneura murina*（Loew）（a-d. ♂; e. ♀）

a. 第 9 背板和尾须，背视（tergite 9 and cerci, dorsal view）; b. 第 9 背板和尾须，侧视
（tergite 9 and cerci, lateral view）; c-d. 阳茎，腹视和侧视（phallus, ventral and lateral views）;
e. 雌性外生殖器（female genitalia）。

观察标本 正模（*Philopota mokanshanensis* Ôuchi, 1942） ♂，浙江杭州，1937. Ⅳ.
19，匿名（SEMCAS）; 副模（*Philopota mokanshanensis* Ôuchi, 1942）: 1♀，同正模。1
♂，1♀，贵州，1932. Ⅴ.1（CAU）; 2♂♂，北京门头沟百花山，1962. Ⅴ.18，李法
圣、杨集昆（CAU）; 1♂，陕西甘泉清泉沟，1971. Ⅴ.25，杨集昆（CAU）; 2♀，北
京怀柔奇峰茶，1977. Ⅴ.12，杨集昆（CAU）; 8♂♂，江西井冈山茨坪，1978. Ⅳ.24，
杨集昆（CAU）; 13♂♂，6♀♀，浙江临安西天目山，1980. Ⅴ.1-4，杨集昆、李法圣
（CAU）; 1♂，甘肃卓尼干布塔（2900 m），1980. Ⅷ.16，杨集昆（CAU）; 3♂♂，1
♀，北京海淀樱桃沟，1981. Ⅳ.19，薛大勇、王心丽（CAU）; 1♂，北京金山，1987.
Ⅴ.29（CAU）; 1♂，1♀，北京昌平沟崖，1990. Ⅴ.1，赵杰（CAU）; 4♂♂，1♀，
宁夏泾源六盘山（2000 m），董奇彪、姚刚（CAU）。

分布 贵州、北京（百花山、怀柔、樱桃沟、金山、昌平）、陕西（甘泉）、江西
（井冈山）、浙江（杭州、天目山）、甘肃、（卓尼）、宁夏（泾源六盘山）; 欧洲，土耳

其，伊朗。

讨论　该种额突起有光泽，上半部深褐色，下半部黄色；股节中段黑褐色且有光泽，基部黄褐色，端部黄色。

（3）黑蒲寡小头虻 *Oligoneura nigroaenea*（Motschulsky，1866）（图 56）

Thyllis nigroaenea Motschulsky，1866. Bull. Soc. Nat. Moscou 39：183. Type locality：“Japon”.

Philopota globulifera Matsumura，1916. Thousand Insects of Japan. Additamenta 1 （2）：179. Type locality：Japan：Hokkaido，Sapporo.

雄　体长 6.0～8.5 mm，翅长 5.0～7.0 mm。

头部亮黑色。复眼被短而密的浅褐毛。触角黑色，但基部 2 节黄色。喙主要暗褐色，基部黄色。

胸部亮黑色。胸部的毛密的金黄褐色，但中胸背板中部的毛色暗且较短。足黑色，但腿节膝关节、胫节大部和跗节基部黄色，转节和前中足胫节内面暗褐色。翅弱带褐色，翅脉暗褐色。腋瓣几乎白色。平衡棒黄色。

腹部亮黑色，但第 3～6 背板窄的侧缘黄色。腹部的毛多倒伏状，但两侧和末端的毛多直立而较长。

雌　体长 7.5～9.5 mm，翅长 7.0～8.5 mm。类似雄性，但后足胫节内面暗褐色，腹部的毛较密。

分布　北京、山西、上海、浙江（莫干山）、台湾；日本。

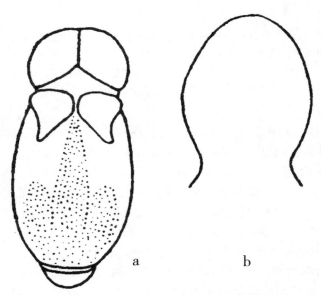

图 56　黑蒲寡小头虻 *Oligoneura nigroaenea*（Motschulsky）

a. 头部和胸部，背视（head and thorax, dorsal view）；b. 阳茎（phallus）

据 Ôuchi，1942 重绘。

（4）于潜寡小头虻 *Oligoneura yutsiensis*（Ôuchi, 1938）（图 57 b；图版 2 c–d，45）

Philopota murina var. *yutsiensis* Ôuchi, 1938. J. Shanghai Sci. Inst. （3）4：34. Type locality：China：Zhejiang, Tianmushan.

鉴别特征　复眼几乎光裸无毛；中胸背板后部有 3 个浅黑色纵条斑。翅浅黄褐色。

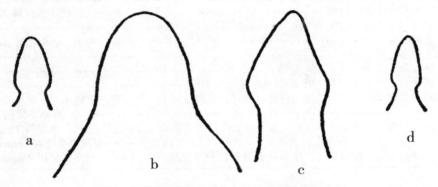

图 57　阳茎，腹视（**phallus, ventral views**）（♂）

a. 安尼寡小头虻 *Oligoneura aenea* Bigot；

b. 于潜寡小头虻 *Oligoneura yütsiensis*（Ôuchi）；

c. 墙寡小头虻 *Oligoneura murina*（Loew）；

d. 高砂寡小头虻 *Oligoneura takasagoensis*（Ôuchi）。

据 Ôuchi, 1942 重绘。

观察标本　正模 ♂，浙江天目山，1936. Ⅵ. 11（SEMCAS）；副模：2 ♀♀，浙江天目山，1936. Ⅵ. 10（SEMCAS）。

分布　浙江（天目山）。

讨论　该种与墙寡小头虻 *O. murina*（Loew, 1844）近似，但可以从以下区分：前者复眼被稀疏的毛，喙棕黄色；中胸背板无条带；翅浅黄褐色；胫节浅黄色。而后者复眼无毛，喙黄色；中胸背板雄性有 1 个模糊的黑斑点，雌性有 3 条明显的黑纵带；翅浅褐色，后缘色浅；胫节深棕黄色。

（5）高砂寡小头虻 *Oligoneura takasagoensis*（Ôuchi, 1942）（图 57 d）

Philopota takasagoensis Ôuchi, 1942. J. Shanghai Sci. Inst. （N. S.）（2）2：33. Type locality：China：Taiwan.

分布　中国台湾（太平山、知本山）。

（二）小头虻亚科 Acrocerinae

雌雄复眼皆为接眼式。胫节无端距。触角鞭节短，且通常具有端刺，或鞭节鞭状。本文记述驼小头虻亚科 6 属 16 种，其中包括 6 新种。

属 检 索 表

1.	触角位于头部的腹面 ·························	澳小头虻属 *Ogcodes*
	触角位于头部的背面 ····························	2
2.	复眼光裸无毛 ·························	小头虻属 *Acrocera*
	复眼被毛 ·····································	3
3.	唇瓣和下颚须可见；喙长显著大于高 ·············	4
	唇瓣和下颚须不可见；喙长等于或显著短于高 ·······	5
4.	触角基部与单眼瘤前端通过深凹缺分开；复眼被短毛；体黑黄色相间	
	··	脊小头虻属 *Cyrtus*
	触角基部与单眼瘤前端连接；复眼被长毛；体黑色或暗金绿色 ···	准小头虻属 *Paracyrtus*
5.	复眼被短毛；唇瓣存在；腹部第 2~4 气门位于节间膜 ········	肥腹小头虻属 *Hadrogaster*
	复眼被长毛；唇瓣缺失；腹部第 2~4 气门位于腹板 ··········	日小头虻属 *Nipponcyrtus*

2. 小头虻属 *Acrocera* Meigen, 1803

Acrocera Meigen, 1803. Mag. Insektenk. 2：266. **Type species**：*Syrphus globulus* Panzer, 1804. ［=*Acrocera orbicula*(Fabricius, 1787)］

Paracrocera Mik, 1886. Wien. Ent. Ztg. 5：276. **Type species**：*Acrocera tumida* Erichson, 1840（designation by Coquillett, 1910）.

属征 体毛明显。单眼瘤明显。眼后胛发达。复眼接眼式，光裸无毛。触角位于头部背面单眼瘤前。触角短小；第 3 节比第 2 节窄，端刺很细长的针状。胸部较拱突。足胫节末端不膨大。

讨论 小头虻属 *Acrocera* 世界性分布，需要进一步修订。该属全世界已知 55 种，我国已知 7 种，包括 3 新种。

种 检 索 表

1.	小盾片黄色，基缘黑色 ····················	缆车小头虻 *A. orbicula*
	盾片全黑色 ····································	2
2.	足不全黄色，部分色暗 ··························	3
	足完全黄色 ····································	5
3.	胫节暗黄色 ·····························	康巴小头虻 *A. Khamensis*
	胫节完全或大部分褐色或暗褐色 ····················	4
4.	前中足胫节暗褐色，后足胫节浅褐色 ···············	污小头虻 *A. sordida*
	胫节中部褐色 ·······························	北塔小头虻 *A. paitana*
5.	翅茶色 ····························	细突小头虻，新种 *A. tenuistylus* sp. nov.
	翅浅黄色 ······································	6
6.	体大型；第 9 背板窄 ···············	雾灵山小头虻，新种 *A. wulingensis* sp. nov.
	体小型；第 9 背板宽大 ················	小型小头虻，新种 *A. parva* sp. nov.

（6）康巴小头虻 *Acrocera khamensis* Pleske，1930（图版 46）

Acrocera khamensis Pleske，1930. Konowia 9：172. Type locality：China：Tibet.

雄 体长 4.3 mm，翅长 6.7 mm。

头部黑色；毛多数黄褐色，少数暗褐色。触角黑色；第 3 节比第 2 节窄；端刺很细长，暗褐色，无毛。喙暗褐色，有黄褐毛；须暗褐色，有黄褐毛。

胸部黑色；毛黄褐色和暗褐色。足暗黄色；但基节黑色，转节浅黑色；腿节暗褐色，端部背面和末端暗黄色；第 5 跗节黑色，窄或宽的基部暗黄色。足的毛暗黄色。翅近白色透明；脉暗褐色。腋瓣暗褐色。

腹部黑色；第 2 背板黑色，仅后部两侧区黄褐色；第 3 背板黄褐色，窄的前部黑色，黑色的中部稍向后延伸但远不达到后缘；第 4 背板黄褐色，三角形小黑斑位于前部中央。毛暗褐色和黄褐色。

雌 未知。

分布 西藏（康巴）。

讨论 小盾片全黑色。胫节暗黄色；跗节暗黄色，但第 5 跗节黑色且窄或宽的基部暗黄色。

（7）缆车小头虻 *Acrocera orbicula*（Fabricius，1787）（图版 47）

Syrphus orbiculus Fabricius，1787. Mantissa Insect. 2：340. Type locality：Germany："Kiliae［＝Kiel］

Acrocera albipes Meigen，1804. Klass. Beschr. 1（2）：148. Type locality：not given.

Syrphus globulus Panzer，1804. Fauna Insect. Germ. 86：20. Type locality："Germania".

Ogcodes pubescens Latreille，1805. Hist. nat. Crust. Ins. 14：315. Type locality：France："Medon，pres Paris".

Acrocera tumida Erichson，1840. Entomographien 1：166. Type locality：not given.

Acrocera hubbardi Cole，1919. Trans. Am. Ent. Soc. 45：58.

Acrocera hungerfordi Sabrosky，1944. Am. Midland Nat. J. 31：406.

雄 体长 3.6 mm，翅长 4.3 mm。

头部黑色；毛黄色。触角黑色；第 3 节比第 2 节窄；端刺很细长，暗褐色，无毛。喙暗褐色，被黄毛；须黄褐色，被黄毛。

胸部黑色；肩胛和翅后胛浅黄色。小盾片黄色，基缘黑色。毛暗黄色。足暗黄色；但基节黄褐色；第 5 跗节末端暗褐色。足的毛暗黄色。翅近白色透明；脉暗黄褐色。腋瓣褐色。

腹部背板黄色，但第 2 背板宽的前部黑色，后部黄色区靠中央宽且两侧窄；第 3~4 背板前面的中部和两侧有黑斑，第 4 背板的黑斑比较小，第 5 背板两侧区黑色。第 1~5 腹板浅黑色，第 2~5 腹板窄的后缘黄色。毛暗黄色。

分布 中国；欧洲，北非，北美。

讨论 该种肩胛和翅后胛浅黄色。小盾片黄色，基缘黑色。足主要暗黄色。腹部背板大部黄色。

（8）北塔小头虻 *Acrocera paitana*（Seguy，1956）

Paracrocera paitana Seguy，1956. Rev. Fran. Ent. 23：177. Type locality：China，Beijing.

雌　体长 6 mm，翅长 7. 25 mm。

胸部黑色；毛黄色。翅后胛乳白色。小盾片全黑色。足淡黄色，腿节和胫节中部大致褐色。翅白色透明，前缘脉和径脉黄色。平衡棒乳白色。腋瓣白色，边缘褐色。腹部黄褐色，背板有褐色前带斑中部宽。

雄　未知。

分布　北京（延庆）。

（9）小型小头虻，新种 *Acrocera parva* sp. nov.　（图 58）

雄　体长 3. 0 mm，翅长 3. 0 mm。

头部黑色，被黄粉，后头被褐色短毛；额黑色，被黄粉，位于复眼下部；侧颜较宽，被黄色的细毛。单眼瘤隆起，单眼橘黄色。复眼紧密地相接在一起。触角位于复眼上方单眼瘤前面，柄节褐色，球形，触角其余部分残缺。喙褐色，短小。

胸部深褐色，被黄粉和黄毛。足全部为黄色，爪垫和爪间突黄色，爪勾褐色。翅透明，带黄色，翅脉褐色。腋瓣黄色，被黄毛。平衡棒残缺。

腹部钝圆，第 1~2 背板褐色，第 3 背板基半部褐色且中间及两侧向后延伸，端半部黄色，第 5 背板黄色除基部中央和两侧褐色，腹部腹板黄色。

雌　未知。

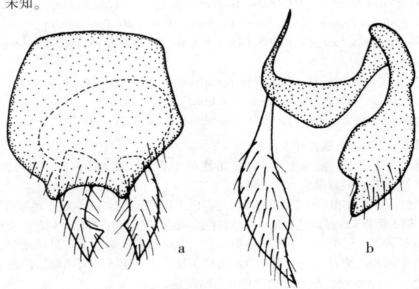

a　　　　　　　　　　　　b

图 58　小型小头虻 *Acrocera parva* sp. nov.　（♂）

a. 第 9 背板和尾须，背视（tergite 9 and cerci，dorsal view）；

b. 第 9 背板和尾须，侧视（tergite 9 and cerci，lateral view）。

观察标本　正模 ♂，陕西甘泉清泉，1971. Ⅵ. 15，杨集昆（CAU）。

分布　陕西（甘泉清泉）。

讨论　该种与雾灵山小头虻 *A. wulingensis* sp. nov. 有些近似，但体小型，第 9 背板宽大。

词源学　该种以其小型体型命名。

（10）污小头虻 *Acrocera sordida* Pleske，1930（图版 48）

Acrocera sordida Pleske，1930. Konowia 9：170. Type locality：China：Inner Mongolia.

雄　体长 4.5 mm，翅长 6.0 mm。

头部黑色；毛暗褐色。触角黑色；第 3 节比第 2 节窄；端刺很细长，暗褐色，无毛。喙暗褐色，有暗褐毛；须暗褐色，有暗褐毛。

胸部黑色；毛暗褐色。足暗褐色；但基节和转节浅黑色；后足腿节背面和末端暗黄色；跗节浅褐色，但第 5 跗节暗褐色且窄基部浅褐色。足的毛暗黄色。翅近白色透明；脉暗褐色。腋瓣暗褐色。

腹部黑色；第 2 背板后部窄的两侧区黄褐色，第 3~4 背板宽的后侧区黄褐色。毛多数暗褐色和少数黄褐色。

雌　未知。

分布　内蒙古（阿拉善）。

讨论　该种小盾片全黑色。前中足胫节暗褐色，后足胫节浅褐色；跗节浅褐色。腹部黑色；第 2 背板后部窄的两侧区黄褐色，第 3~4 背板宽的后侧区黄褐色。

（11）细突小头虻，新种 *Acrocera tenuistylus* sp. nov.（图 59）

雄　体长 6.1 mm，翅长 6.1 mm。

头部黑色，被灰白粉，后头被白色鳞状毛；额黑色，被灰白粉，在复眼下部；侧颜较宽，被白色细毛。单眼瘤隆起，被灰白粉，单眼褐色。复眼紧密地相接在一起。触角位于复眼上方单眼瘤前面，褐色，柄节球形，梗节略微膨大，鞭节细长，触角比率：0.7：1.0：2.7。喙棕黄色，短小。

胸部黑色，被黄粉和黄毛。足全部为黄色，除爪勾褐色，足被黄粉和黄毛。翅透明，茶色，翅脉褐色。腋瓣黄褐色，被黄毛。平衡棒柄部褐色，端部深黄色。

腹部钝圆；第 2 背板基半部深褐色，中部和两端向后延伸，端半部深黄色，第 3 和第 4 背板深黄色，除中间各有一个深褐色的斑点；腹板深黄色。腹部被黄粉和黄毛。

雄性外生殖器：第 9 背板大，尾须侧面观椭圆形。生殖刺突细长。阳茎小。

雌　未知。

观察标本　正模 ♂，广西金秀三角架，1981. Ⅸ. 8（CAU，No. 0137）。

分布　广西（金秀）。

讨论　该种翅茶色，容易与本属其他种区分。

词源学　该种以其细长的生殖刺突命名。

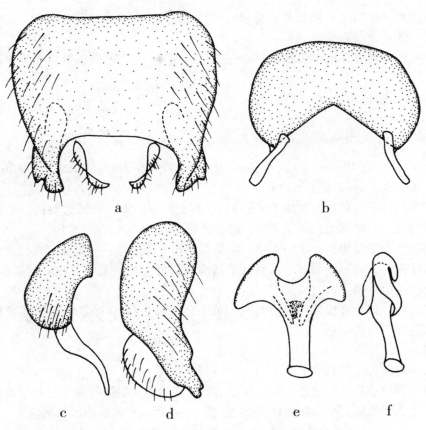

图 59 细突小头虻 *Acrocera tenuistylus* sp. nov. (♂)

a. 第 9 背板和尾须，背视（tergite 9 and cerci, dorsal view）；b. 生殖体，腹视
（genital capsule, ventral view）；c. 生殖体，侧视（genital capsule, lateral view）；
d. 第 9 背板和尾须，侧视（tergite 9 and cerci, lateral view）。

（12）雾灵山小头虻，新种 *Acrocera wulingensis* sp. nov. （图 60）

雄 体长 4.5 mm，翅长 6.1 mm。

头部黑色，被灰白粉；额黑色，被灰白粉，且位于复眼下部；侧颜较宽，被白色细毛。单眼瘤突起，被白毛，单眼橘黄色。复眼紧密地相接在一起。触角位于复眼上方单眼瘤前面，触角褐色，柄节球形，梗节梭形，鞭节细长，触角比率：1.3∶1.0∶2.2。喙黑褐色，短小。

胸部黑色，被黄粉和黄毛。足全部为黄色，除爪勾褐色；足被黄粉和黄毛。翅呈半透明的浅黄色，翅脉褐色；腋瓣黄褐色，被黄毛。平衡棒基部深黄色，端部褐色。

腹部钝圆，各节背板基半部深褐色且两端及中间向后延伸，背板端半部深黄色；腹板深黄色，有一些暗褐色的斑纹。腹部被黄粉和黄毛。

雄性外生殖器：第 9 背板窄，尾须大。

雌　未知。

观察标本　正模♂，河北兴隆雾灵山，1973.Ⅷ.21，杨集昆（CAU）。

分布　河北（兴隆雾灵山）。

讨论　该种与小型小头虻 A. parva sp. nov. 近似，但体大型，第9背板窄。

词源学　该种以其模式产地雾灵山命名。

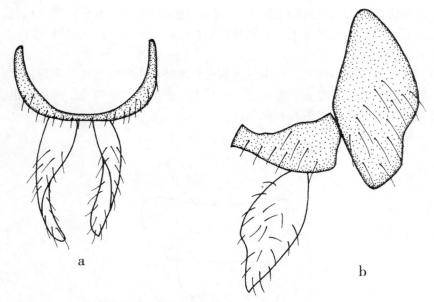

图60　雾灵山小头虻 *Acrocera wulingensis* sp. nov. （♂）

a. 第9背板和尾须，背视（tergite 9 and cerci, dorsal view）；

b. 第9背板和尾须，侧视（tergite 9 and cerci, lateral view）。

3. 脊小头虻属 *Cyrtus* Latreille，1796（中国新纪录属）

Cyrtus Latreille，1796. Précis caract. gén. Ins.：154. Type species：*Empis acephalus* Villiers，1789 ［ ＝ *Syrphus gibbus* Fabricius，1794］，by subsequent monotypy.

属征　头部低于胸部。复眼被浓密的短毛。触角位于单眼瘤前，在触角基部和单眼瘤之间有深沟。3 只单眼明显，前单眼小。口器明显。胸部强烈驼背，长为腹部 3/4～5/6，高为宽的 1/5，宽为长的 1/5。胸部被浓密的直立短毛，且毛不分叉。足细长，爪垫薄，爪间突最窄，且都与爪等长。翅脉有 5 个后室。腹部膨大，长大于宽，宽稍大于高，有 6 个可见腹节；毛非常短且浓密。第 1 气门位于第 1 背板，第 2～4 气门位于第 2～4 腹板，第 5～6 气门位于第 5～6 腹板节间膜上，但有时第 5 气门出现在第 5 腹板上；侧节间膜仅出现在第 5～6 腹节，第 1～4 侧节间膜不明显。尾器藏于第 6 背板下面。

讨论　脊小头虻属 *Cyrtus* 分布于古北区和东洋区，本文首次报道我国 1 新种。

（13）茶色脊小头虻，新种 *Cyrtus brunneus* sp. nov. （图61）

雌　体长 7.0 mm，翅长 9.5 mm。

头部黑色，被黄色的粉和黄色的细毛；额褐色，被灰白绒毛，在复眼下部略向前突起；侧颜非常窄小，被灰白色绒毛。单眼瘤隆起，单眼橙色。复眼紧密地相接。触角位于复眼上部单眼瘤前方。触角柄节褐色，钝圆；梗节橘黄色，圆形；鞭节褐色，基部钝圆，末端细长；触角有光泽，无毛。触角比率：0.4 : 1.0 : 9.2。喙伸长至腹部第 2 节，棕黄色，有光泽，无毛。

胸部黑色，被黄粉和黄毛。足全部为黄色，爪垫和爪间突黄色，爪黑褐色。足被黄色的毛。翅茶色，翅脉褐色。腋瓣黄色，被黄毛。平衡棒柄部黄色，端部黄色。

腹部钝圆，黑褐色，被黄粉和黄毛。

雄　未知。

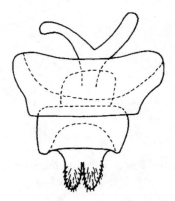

图61　茶色脊小头虻 *Cyrtus brunneus* sp. nov. （♀）
生殖器（genitalia）。

观察标本　正模♀，广西武鸣大明山，1963. V. 22，杨集昆（CAU）。
分布　广西（武鸣大明山）。
词源学　该种以其茶色的翅命名。

4. 肥腹小头虻属 *Hadrogaster* Schlinger, 1972

Hadrogaster Schlinger, 1972. Pac. Ins. 14（2）：423. Type species：*Cyrtus formosanus* Shiraki, 1932 (original designation).

属征　头部低于胸部。复眼接眼式，被浓密的短毛；单眼瘤小，但隆起，侧单眼明显，中单眼不明显。触角 3 节，接近单眼瘤；柄节不明显，圆形；梗节长为宽的 2 倍，鞭节基部梭形且有细长端刺。口器由明显的多毛的喙和唇瓣组成，但下颚须不可见。胸部强烈拱突成驼背状，被浓密的毛。足长而细，有 3 个等大爪垫。翅长且窄，有 5 个后室。腹部背面观宽显著大于长，有 6 个可见腹节；被稀疏的简单毛和浓密的伏毛，第 2 背板前缘被浓密的分叉毛，第 1 气门位于背板，第 2~5 气门位于节间膜上。雌性生殖器位于钩状第 6 背板腹面。

讨论　肥腹小头虻属 *Hadrogaster* 分布于东洋区。该属全世界已知 1 种，分布于我国。

（14）丽肥腹小头虻 *Hadrogaster formosanus*（Shiraki, 1932）（图 62）

Cyrtus shibakawae var. *formosanus* Shiraki，1932. Trans. Nat. Hist. Soc. Formosa 22：332. Type locality：China：Taiwan.

Hadrogaster formosanus：Schlinger, 1972. Pac. Ins. 14（2）：424.

雌　体长 7.0 mm，翅长 9.0 mm。

体褐色、黑色和黄色。颜、后头、单眼瘤、胸部、腹部大部区域和爪尖黑色。触角、单眼、肩胛端部、前胸气门、翅脉、腹部背板、腹板窄后条、第 6 背板大部分区域、腹部节间区域、腹部第 2~6 气门及爪基部褐色。喙包括唇瓣、足、平衡棒基部和尾须黄色。平衡棒棒部白色。翅浅褐色，端前缘色稍暗；腋瓣透明且边缘浅黄色。复眼被浓密的浅褐色短毛，延伸至触角梗节。单眼瘤上的毛稍长。沿复眼边缘在后头前有浓密的银色伏毛。喙被浓密的毛，长度短于复眼的毛。胸部被浓密且直立的白色至银白色毛，但中胸背板中部的毛浅褐色。中胸背板、肩胛和中侧片被白色短毛。腹部被伏毛和直立毛，大部分白色，但有些直立毛，特别是第 2~3 背板中央的毛褐色。足被浓密的淡黄色短毛，但股节被长毛。腋瓣被浓密的白色长毛。

雄　未知。

分布　中国台湾（阿里山、"Matsumine"、"Karenko"）。

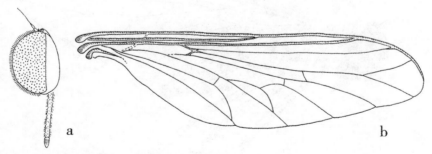

图 62　丽肥腹小头虻 *Hadrograster formosanus*（Shiraki）（♀）

a. 头部，侧视（head, lateral view）；b. 翅（wing）。

据 Schlinger, 1972 重绘。

5. 日小头虻属 *Nipponcyrtus* Schlinger，1972

Nipponcyrtus Schlinger，1972. Pac. Ins. 14（2）：420. Type species：*Cyrtus shibakawae* Matsumura，1916（original designation）.

属征　头部复眼接眼式，被长毛；单眼瘤小，轻微隆起，侧单眼大且明显，中单眼小且不明显。触角 3 节，位于单眼瘤之下；柄节小而圆，侧面观不明显；梗节长为宽的 2 倍；鞭节基部梭形，末端有长且细的端刺。口器退化，由唇和后唇基组成，且略微长于头高的 1/2，被许多或长或短的毛，唇瓣为喙长 1/3 ~ 1/2；下颚须微小，末端被毛。胸部弱的驼背，长宽高相等，被浓密的长毛；中胸侧板隆起。足细，有 3 个大爪垫，爪间突略小。翅长且窄；5 个后室。腋瓣大。腹部长于宽，宽大于高，有 6 个可见腹节；第 1 气门位于背板，第 2~4 气门位于腹板，有时会位于不明显的节间膜上，第 5 和第 6 气门位于明显的节间膜上；所有腹节看起来像融合在一起无伸缩的可能性；两性生殖器都位于第 6 背板下方。

讨论　日小头虻属 *Nipponcyrtus* 主要分布于东洋区。该属全世界已知 2 种，我国分布 1 种。

（15）台湾日小头虻 *Nipponcyrtus taiwanensis*（Ôuchi，1938）（图 63）

Opsebius taiwanensis Ôuchi，1938. J. Shanghai Sci. Inst.（3）4：34. Type locality：China：Taiwan.

Nipponcyrtus taiwanensis：Schlinger，1972. Pac. Ins. 14（2）：422.

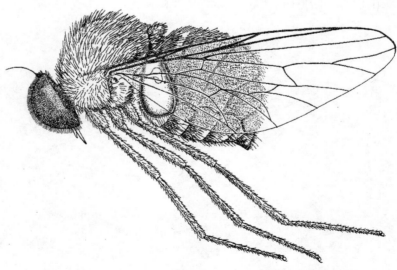

图 63　台湾日小头虻 *Nipponcyrtus taiwanensis*（Ôuchi）（♂）
据 Ôuchi，1938 重绘。

雄　体长 4.5 mm；雌 体长 6.0 mm。

头部正面观小且圆。单眼瘤隆起，有 3 个单眼。复眼黑色，被浓密的短白毛且带黄色。后头黑色。被浅黄色长毛。触角位于头顶附近，红褐色，有长鬃状端刺。喙短，黄色。

胸部全部亮黑色，被浓密的淡黄色长毛。肩胛相互分开，其角末端带棕黄色。足黄色，爪黑褐色。翅一致带浅褐色，前缘有深褐色窄条；翅脉褐色。雄性 R_4 脉不完整，不抵达 R_5 脉。腋瓣无色透明，被白毛，除边缘带浅黄色。平衡棒白色。

胸部明显呈芜菁状，宽大于长，亮黑色。第 2 和第 3 背板被黑色长毛，且后缘被白灰色短毛；第 4~5 背板中部两边及后缘被一些白灰色短毛。腹部一致被柔软的白灰毛。尾器黄褐色。

分布　中国台湾（知本山、宜兰太平山、中岑）。

6. 澳小头虻属 *Ogcodes* Latreille, 1796

Ogcodes Latreille, 1796. Prec. Caract. Gen. Ins. 154. Type species：*Musca gibbosa* Linnaeus, 1758（monotypy）.

Oncodes Meigen, 1822. Syst. Beschr. 3：99（unjustified emendaton）.

属征　体小至大型。复眼无毛。触角 3 节，位于口器之上。喙退化或极小。翅脉弱，但 R_1 脉、R_{4+5} 脉、M_4 脉及 A 脉常明显。生殖器小，部分隐藏。

讨论　澳小头虻属 *Ogcodes* 世界性分布，有 100 余种，有待修订。我国分布 4 种，包括 1 新纪录种和 2 新种。

种 检 索 表

1.	中胸背板淡黄色，有 3 条闪亮的黑带斑 ················	台湾澳小头虻 *O. taiwanensis*
	中胸背板黑色 ···	**2**
2.	中胸背板不全黑色 ·····································	**3**
	中胸背板全黑色 ·······································	**4**
3.	中胸背板后侧缘黄色 ················	三突澳小头虻，新种 *O. triprocessus* sp. nov.
	中胸背板有 2 个黄色侧斑 ·············	江苏澳小头虻 *O. respectus*
4.	股节和胫节全黄色 ····················	日澳小头虻 *O. obusensis*
	股节和胫节基半部褐色，端半部黄色 ·······	宽茎澳小头虻，新种 *O. lataphallus* sp. nov.

（16）宽茎澳小头虻，新种 *Ogcodes lataphallus* sp. nov.（图 64）

雄　体长 3.5~4.5 mm，翅长 3.1~4.1 mm。

头部黑色，被黄粉和黑色细毛；额在复眼下部略向前突起，褐色，被灰白绒毛；侧颜非常窄小，被灰白色绒毛。单眼瘤隆起，单眼橙色。复眼紧密地相接。触角位于复眼下部，柄节黄褐色，膨大；梗节褐色，基部梭形；鞭节末端细长；触角有光泽，无毛。触角比率：1.7：1.0：4.0。喙短小。

胸部黑色，被黄粉和黄毛。足从基节到股节基半部褐色，股节端半部黄色，胫节基半部褐色而端半部黄色，跗节褐色，爪垫和爪间突褐色，爪黑褐色。翅浅黄色，翅脉浅黄色。腋瓣浅黄色，被黄毛。平衡棒黄褐色。

腹部钝圆，各节基半部深褐色，短半部浅黄色，被黄粉和黄毛。

雄性外生殖器：尾须大且呈椭圆形，肛下板长于尾须的一半；阳茎鞘宽大。

雌　未知。

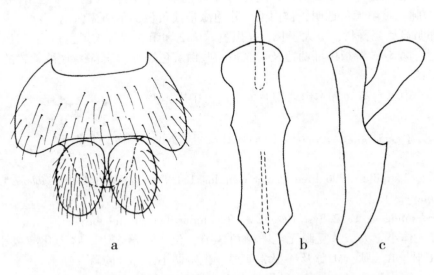

图 64　宽茎澳小头虻 *Ogcodes lataphallus* sp. nov.（♂）

a. 第 9 背板和尾须，背视（tergite 9 and cerci, dorsal view）；
b-c. 阳茎，腹视和侧视（phallus, ventral and lateral views）。

观察标本　正模 ♂，北京海淀香山樱桃沟，1990. Ⅵ. 3，张巍巍（CAU）。副模：1
♂，同正模。

分布　北京（香山）。

讨论　该种与日本澳小头虻 *Ogcodes obusensis* Ôuchi 有些近似，但股节和胫节基半
部褐色，端半部黄色。

词源学　该种以其宽大的阳茎鞘命名。

（17）日澳小头虻 *Ogcodes obusensis* Ôuchi，1942（图 65）

Ogcodes nigritarsis var. *obusensis* Ôuchi, 1942. J. Shanghai Sci. Inst.（N. S.）（2）2：
36. Type locality：Japan：Nagano-Ken.

雄　体长 8. 1 mm，翅长 5. 9 mm。

头部黑色，被灰白粉；额黑色，被灰白粉，在复眼下部略向前突起；侧颜非常窄
小，被白色细毛。单眼瘤隆起，被白毛；单眼橘黄色。复眼紧密地相接。触角位于复眼
下部；柄节褐色，圆柱形，被灰白粉；梗节和鞭节缺失。喙短小，褐色，被黄粉。

胸部黑色，被浅黄色粉和白毛。足从基节到转节黑色，股节至足跗节末端黄色，爪

垫和爪间突褐色，爪勾褐色。足被黄毛。翅浅黄色，翅脉浅黄色；腋瓣浅黄色，被黄毛。平衡棒褐色。

腹部钝圆，背板和腹板褐色，被浅黄粉和黄毛，但各节后缘浅黄色。

雄性外生殖器：第9背板窄；尾须和肛下板宽大。

雌　未知。

观察标本　1 ♂，北京，1953.Ⅷ，杨集昆（CAU）。

分布　北京；日本。

讨论　该种腹部褐色。

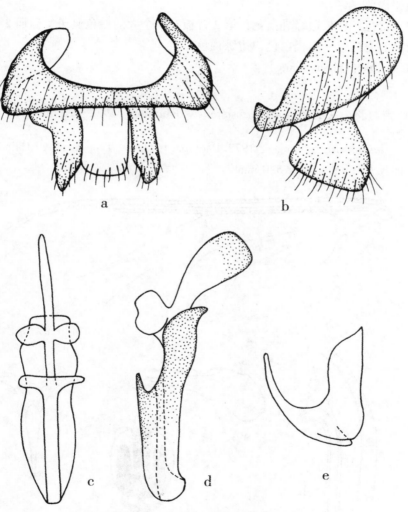

图 65　日澳小头虻 *Ogcodes obusensis* Ôuchi（♂）

a. 第9背板和尾须，背视（tergite 9 and cerci, dorsal view）；b. 第9背板和尾须，侧视
（tergite 9 and cerci, lateral view）；c–d. 阳茎，背视和侧视（phallus, dorsal and lateral views）；
e. 生殖体，侧视（genital capsule, lateral view）。

（18）江苏澳小头虻 *Ogcodes respectus*（Seguy，1935）

Oncodes respectus Seguy，1935. Notes Ent. Chin. 2 (9)：175. Type locality：China：Jiangsu.

雌 体长 3.5~4mm。

头部黑色。后头和颜被灰粉。头部的毛色。触角黄色。

胸部褐色，中胸背板亮黑色。肩胛、中胸背板位于肩胛后的 2 个侧斑和翅后胛黄色。侧板黑褐色，有白斑。足黄色，有不规则的褐斑；毛黄色。翅白色透明，脉橙黄色。平衡棒褐色。

腹部赤褐色。背板边缘乳白色，第 2 背板有 2 个大的白色侧斑，后面 2 个背板的斑较小。腹部的毛白色。腹板白色，边缘褐色。

分布 江苏（Tchen-Kiang）。

（19）台湾澳小头虻 *Ogcodes taiwanensis* Schlinger，1972（图 66）

Ogcodes taiwanensis Schlinger，1972. Pac. Ins. 14（1）. Type locality：China：Taiwan.

雄 体长 6.0 mm，翅长 5.0 mm。

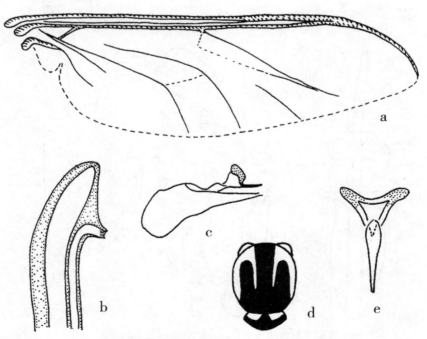

图 66 台湾澳小头虻 *Ogcodes taiwanensis* **Schlingera**（♂）

a. 翅（wing）；b-d. 阳茎（phallus）；e. 胸部，背视（thorax, dorsal view）。

仿 Schlinger，1972。

头部复眼、触角和单眼深褐色，单眼瘤黑色，后头灰色。额与单眼瘤等宽，不向前突出。口器棕黄色。

中胸背板淡黄色，有3条闪亮的黑带。胸侧位于翅基下部有大斑。胸部被浓密的浅褐色毛，在淡黄色区域毛色更浅；小盾片上的毛较长。足（除基节和爪外）淡黄色；胸部其余部分、基节、爪、爪垫、腋瓣缘和翅后胛基部区域深褐色；小盾片黑色，有淡黄色大侧斑。翅透明，翅脉淡黄色，M–Cu脉和大部分 M_1 脉成为细褶皱。腋瓣褐色，不透明。平衡棒柄部黄色，端部浅褐色。

腹部背板大部分亮黑褐色，但第2~3背板侧缘有大块淡黄色区域，第4~5背板后缘为淡黄色窄带；第1背板（大多隐藏）两侧深褐色，中部淡黄色。腹板全部淡黄色，除第2腹板小的前侧角深褐色，第2~4腹板有明显的深褐色气门。尾器小且呈浅褐色，除第9背板外深褐色。腹部背板大多被稀疏的毛，且第2~3背板中部、第4背板大部分区域和第5~6背板的毛很长；第2~4腹节侧缘的毛浓密且短。腹板毛浓密，但不如第5背板上的毛那样长，且在第2~6腹板后缘成排，第5~6腹板上的毛较短。腹部毛在深褐色区域呈浅褐色，在浅色区域呈淡黄色。

雌 未知。

分布 中国台湾（宜兰）。

（20）三突澳小头虻，新种 *Ogcodes triprocessus* sp. nov. （图 67）

雄 体长 5.7 mm，翅长 5.0 mm。

头部黑色，被黄粉和黄色细毛；额黑褐色，被灰白绒毛，在复眼下部略向前突起；侧颜非常窄小，被黄色细毛。单眼瘤隆起，被黄毛，单眼黑色。复眼紧密地相接。触角位于复眼下部；柄节褐色，被灰白毛绒毛，膨大；梗节黑褐色，梭形；鞭节细长，褐色，末端略微膨大；梗节和鞭节有光泽，无毛；触角比率：0.7：1.0：2.2。喙黑色，短小。

胸部黑色，但后侧缘黄色，被黄粉和黄毛。足从基节到股节大部分为褐色，股节末端到胫节及跗节第1节黄色，跗节第2节到足末端褐色，爪垫和爪间突褐色，爪勾黑褐色。翅浅黄色，C脉和Rs脉深黄色，其余翅脉浅黄色。腋瓣浅黄色，被黄毛。平衡棒黄色。

腹部钝圆；第1背板黑褐色，而其余背板中部和两侧各有1个黑褐斑，其余部分黄色；腹板浅黄色。腹部被黄粉和黄毛。腹部钝圆。

雄性外生殖器：第9背板背面观中部凹缺，侧面观窄；尾须宽大。阳茎射精突有明显的侧突，端阳茎较窄。

雌 未知。

观察标本 正模♂，云南贡山独龙江巴坡，2007. V. 23，刘星月（CAU）。

分布 云南（独龙江）。

讨论 该种与日澳小头虻 *Ogcodes obusensis* Ôuchi 有些近似，但中胸背板后侧缘黄色。

词源学 该种以其明显的射精突和侧突命名。

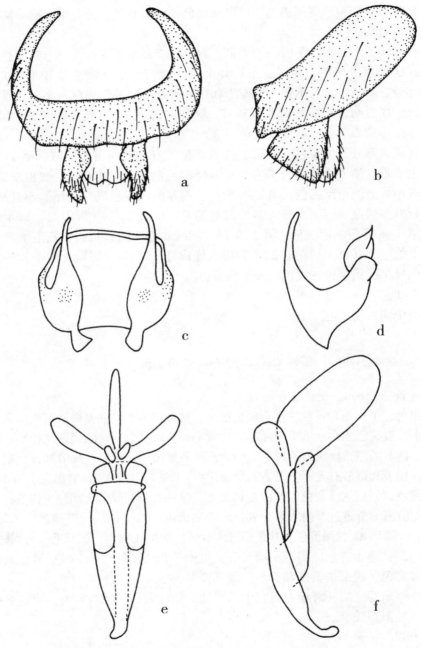

图 67　三突澳小头虻 *Ogcodes triprocessus* **sp. nov.**（♂）

a. 第 9 背板和尾须，背视（tergite 9 and cerci, dorsal view）；b. 第 9 背板和尾须，侧视
（tergite 9 and cerci, lateral view）；c. 生殖体，背视（genital capsule, dorsal view）；

d. 生殖体，侧视（genital capsule, lateral view）；

f-g. 阳茎，背视和侧视（phallus, dorsal and lateral views）。

7. 准小头虻属 *Paracyrtus* Schlinger, 1972

Paracyrtus Schlinger, 1972. Pac. Ins. 14 （2）: 420. Type species: *Cyrtus kashmirensis* Schlinger, 1959 (original designation).

属征 复眼接眼式, 被密的长毛; 单眼瘤稍微隆起, 有明显的侧单眼和不明显的中单眼。触角位于单眼瘤前面一些, 3节; 柄节明显, 与梗节等长, 梗节长稍大于宽, 鞭节基部梭形, 末端有细长端刺。触角基明显隆起。口器发达, 包括发达的喙、唇瓣、上唇、下颚须、前唇基和后唇基。胸部驼背状, 大部分被浓密的长毛; 胸部与腹部几乎等长, 中侧片强烈隆起。足强壮, 有3个大爪垫。翅长且窄, 有5个后室。无腋瓣。腹部可见6节。第1气门位于背板, 第2~4气门位于腹板, 第5~6气门位于节间膜。雌性生殖器缩进第6背板下方。

讨论 准小头虻属 *Paracyrtus* 主要分布于东洋区北部。该属全世界已知2种, 我国分布1种。

（21）白缘准小头虻 *Paracyrtus albofimbriatus* (Hildebrandt, 1930) （图68; 图版49）

Cyrtus albofimbriatus Hildebrandt, 1930. Ann. Mus. Zool. Acad. Sci. USSR 31 （2）: 220. Type locality: China: Sichuan.

Paracyrtus albofimbriatus: Schlinger, 1972. Pac. Ins. 14 (2): 420.

雄 体长4.5 mm, 翅长5.5 mm。

头部黑色, 有灰白粉; 毛白色。复眼黑色, 有较长的暗褐毛。触角有些靠近单眼瘤。触角包括触角芒暗褐色; 第3节较短, 比第2节窄。单眼暗褐色。喙长约为头部高的2倍, 褐色, 且端部1/5暗黄色; 有很短的白毛。须暗褐色, 有白毛。

胸部黑色, 有灰白粉。毛白色。足暗褐色; 但转节暗黄色, 腿节最末端暗黄色, 跗节暗黄色, 爪暗褐色。足的毛白色。翅近白色透明, 稍带浅褐色, 后缘区色浅; 脉暗褐色, 窄的前缘区的脉较暗; R_s短, R_4和R_5基柄长。腋瓣外部白色透明, 内部褐色。

腹部黑色, 有灰白粉, 各节后缘赤褐色。毛白色。

分布 四川。

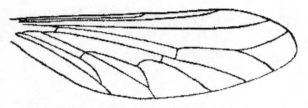

图68 白缘准小头虻 *Paracyrtus albofimbriatus* (Hildebrandt) （♂）
据 Hildebrandt, 1930 重绘。

（三）帕小头虻亚科 Panopinae

复眼通常不完全相接。触角鞭节显著长于柄节和梗节之和，钝圆或扁平，有时弯曲且无端刺；若鞭节短，就有 2~4 根长端鬃。所有的胫节外端缘有尖距，有时有内短距。本文记述我国 1 属 1 种。

8. 普小头虻属 *Pterodontia* Gray, 1832

Pterodontia Gray, 1832. Curvier's Anim Kingd. (Ins.) 15：779. Type species：*Pterodontia flavipes* Gray, 1832 (momotypy).

属征　体毛较长。眼后胛明显。单眼瘤明显。复眼有长密毛。触角短小；第 3 节比第 2 节窄，长大于宽，近锥形，无端刺，但末端有 2~4 根很长的毛。须明显突出，有长毛。胸部弱拱突。雄性翅前缘亚端部拱突，有 1 个齿突位于 R_1 末端。

（22）瓦普小头虻 *Pterodontia waxelli*（Klug, 1807）（图版 50）

Henops waxelli Klug, 1807. Mag. Ges. Naturf. Freunde Berlin 1：265. Type locality：Crimea：Sevastopol.

雄　体长 8.6 mm，翅长 8.6 mm。

头部黑色，有灰白粉；毛黑色。复眼有长的暗褐毛。触角黑色，第 3 节浅褐色；第 3 节较短，比第 2 节窄，末端有 3~4 根长黑鬃。喙暗褐色，有黑毛；须暗褐色，有长黑毛。

胸部黑色，有灰粉。毛黑色。足暗黄色；但基节黑色，转节浅黑色；前足腿节最基部带暗褐色，中后足腿节全黑色；中后足胫节基部带暗褐色；跗节仅爪端部黑色。足的毛暗褐色，前足腿节端部毛部分暗黄色；所有足胫节和附节的毛黄色。翅白色透明；脉黄褐色，翅基部的脉褐色至暗褐色。腋瓣暗褐色，边缘黑色。

腹部黑色，但第 2 背板后侧区黄色，第 3~6 背板黄色，第 3~4 背板中部有黑斑，第 4 背板的黑斑比较小，第 5 背板后缘中部有很小的黑斑。毛黑色。

分布　中国；欧洲，蒙古。

讨论　该种前足腿节暗黄色，中后足腿节全黑色。腹部背板主要黄色。

参考文献

Barraclough D A. 1984. Review of some Afrotropical Acroceridae, with descriptions of eight new species from South Africa (Diptera: Brachycera). *Journal of the Entomological Society of Southern Africa*, 47(1): 45–66.

Becker T. 1912. Beitrag zur Kenntnis der Thereviden. *Verhandlungen der Kaiserlich – Königliche Zoologisch–Botanischen Gesellschaft in Wien*, 62: 289–319.

Bigot J M F. 1878. Description d'un nouveau genre de Dipteres et cells de deux especes du genre *Holops* (Cyrtidae). *Bulletin de la Societe Entomologique de France* (5)8: LXXI–LXXII.

Brunetti E. 1920. Diptera Brachycera. Vol. I. *In*: Shipley A E (ed). *The Fauna of British India, including Ceylon and Burma*. Taylor and Francis, London: I–X, 1–401.

Cole F R. 1919. The Dipterous family Cyrtidae in North America. *Transactions of the American Entomological Society*, 45: 1–79.

Cole F R. 1923. A revision of the North American two–winged flies of the family Therevidae. *Proceedings of the United States National Museum*, 62: 1–140.

Coquillett D W. 1894. Revision of the dipterous family Therevidae. *Journal of the New York Entomological Society*, 2: 97–101.

English K M I. 1950. Notes on the morphology and biology of *Anabarrhynchus fasciatus* Macq. and other Australian Therevidae (Diptera, Therevidae). *Proceedings of the Linnean Society of New South Wales*, 75: 345–359.

Gaimari S D and Irwin M E. 2000. Phylogeny, classification, and biogeography of the cycloteline Therevinae (Insecta: Diptera: Therevidae). *Zoological Journal of the Linnean Society*, 129(2): 129–240.

Gray G R. 1832. *In*: Curvier's. *The Animal Kingdom*, Vol. 15, pp. 1–796. Whittaker and Treacher, London.

Hardy D E. 1944. A revision of North American Omphralidae (Scenopinidae). *Journal of the Kansas Entomological Society*, 17: 31–51.

Hildebrandt L. 1930. Description d'une nouvelle especes du genre *Cyrtus* provenent de la Chine. *Annuaire du Musee Zoologique de l'Academie Imperiale des Sciences de St.–Petersbourg*, 31(2): 219–221.

Irwin M E. 1973. A new genus of the *Xestomyza*–group from the western coast of South Africa, based on two new species with flightless females. (Diptera: Therevidae). *Annals of*

中国剑虻科、窗虻科和小头虻科志

the Natal Museum, 21(3): 533–556.

Irwin M E. 1976. Morphology of the terminalia and known ovipositing behaviour of female Therevidae (Diptera: Asiloidea), with an account of correlated adaptations and comments on phylogenetic relationships. *Annals of the Natal Museum*, 22(3): 913–935.

Irwin M E. 1977. A new genus and species of stilletto flies from southwestern North America with close affinities to Chilean and Australian genera. (Diptera: Therevidae: Therevinae). *Pan–Pacific Entomologist*, 53(4): 287–296.

Irwin M E and Lyneborg L. 1981. The genera of Nearctic Therevidae. *Illinois Natural History Survey Bulletin*, 32(3): 193–277.

Irwin M E and Lyneborg L. 1989. 39. Family Therevidae. *In*: Evenhuis N L. *Catalog of the Diptera of the Australasian and Oceanian Regions*. Honolulu: Bishop Museum Press and E. J. Brill: 353–358.

Kelsey L P. 1969. *A revision of the Scenopinidae (Diptera) of the world*. Bulletin of the United States National Museum, 277: 1–336.

Kelsey L P. 1970. The Scenopinidae (Diptera) of Australia; including the descriptions of one new genus and six new species. *Journal of the Australian Entomological Society*, 9(2): 103–148.

Kelsey L P. 1971. New Scenopinidae (Diptera) from North America. *Occasinal Papers of the California Academy of Sciences*, 88: 1–65.

Kelsey L P. 1975. Family Scenopinidae. *In*: Delfinado M D and Hardy D E (eds). *A catalog of the Diptera of the Oriental region*, 2: 94–95. Honolulu: The University Press of Hawaii.

Kelsey L P. 1980. 25. Family Scenopinidae. *In*: Crosskey R W. *Catalogue of the Diptera of the Afrotropical Region*. London: British Museum (Natural History): 321–323.

Kelsey L P. 1989. 38. Family Scenopinidae. *In*: Evenhuis N L. *Catalog of the Diptera of the Australasian and Oceanian Regions*. Honolulu: Bishop Museum Press and E. J. Brill: 350–352.

Kelsey L P & Soos A. 1989. Family Scenopinidae. *In*: Soos A and Papp L. *Catalogue of Palaearctic Diptera*, 6: 35–43. Akadémiai Kiadó and Elsevier Science Publishers.

Klug J C F. 1807. Species apiarum familiae novas, descripsit, generumque characteres adjecit. *MagaZRAS Gesellschaft Naturforschender Freunde zu Berlin*, 1: 263–265.

Krivosheina N P. 1980. New scenopinids (Diptera, Scenopinidae) from Palaearctic. *Entomologicheskoe Obozrenie*, 59(1): 197–205.

Krivosheina N P. 1981a. New representatives of the genus *Scenopinus* (Diptera, Scenopinidae) in the fauna of the USSR. *Zoologicheskii Zhurnal*, 60(1): 160–164.

Krivosheina N P. 1981b. Taxonomy of fenestralis group species of the genus *Scenopinus* Latr. (Diptera, Scenopinidae). *Vestnik Zoologii*, 1981(4): 24–31.

Krivosheina N P. 1997. Family Scenopinidae. *In*: Papp L and Darvas B. *Contributions to a* manual of Palaearctic Diptera. Volume 2: Nematocera and lower Brachycera. Budapest: Science Herald: 531–538.

Krivosheina N P and Krivosheina M G. 1996. Description of the type specimens of dipterans of the genus *Pseudomphrale* Kröber (Diptera, Scenopinidae). *Entomologicheskoe Obozrenie*, 75(2): 455–462, 483.

Krivosheina N P and Krivosheina M G. 1999. New data on Palaearctic species of the genus *Metatrichia* (Diptera, Scenopinidae). *Zoologicheskii Zhurnal*, 78(7): 849–859.

Kröber O. 1912a. Die Thereviden der indo–australischen Region. *Nachtrag Entomologische Mitteilungen*, 1: 282–287.

Kröber O. 1912b. Die Thereviden Nordamerikas. *Stettiner Entomologische Zeitung*, 73: 209–272.

Kröber O. 1912c. H. Sauter's Formosa–Ausbeute. Thereviden und Omphraliden (Dipt.). *Supplementa Entomologica*, 1: 24–26.

Kröber O. 1912d. Monographic der palaärktischen und afrikanischen Thereviden. *Deutsche Entomlogische Zeitschrift:* 1–32, 109–140, 251–266, 395–410, 493–508, 673–704.

Kröber O. 1913a. Diptera. Fam. Therevidae. Genera Insectorum. *Fascicle* 148: 1–69. V. Verteneuil & Desmet.

Kröber O. 1913b. Die Omphraliden. Eine monographische Studie. *Annales Historico–Haturales Musei Nationalis Hungarici*, 11: 174–210.

Kröber O. 1925. 26. Therevidae. *In:* Lindner E (ed). *Die Fliegen der Palaearktischen Region*, 4(3): 1–60. E. Schweizerbart' sche, Stuttgart.

Kröber O. 1928. Neue und wenig bekannte Dipteren aus den Familien Omphralidae, Conopidae und Therevidae. *Konowia*, 7: 1–23.

Kröber O. 1933. Schwedisch–chinesische wissenschaftliche Expedition nach den nortwestlichen Provinzen Chinas, unter Leitung von Dr. Sven Hedin und Prof. Su Ping–chang. Insekten gesammelt vom schwedischen Arzt der Expedition Dr. David Hummel 1927–1930. 14. Dipter. 6. Tabaniden, Thereviden und Conopiden. *Arkiv for Zoologi*, 26 A (8): 18 pp.

Kröber O. 1937. Katalog der palaearktischen Thereviden, nebst Tabellen und Zusätzen sowie Neubeschreibungen. *Acta Instituti et Musei Zoologici Universitatis Atheniensi*, 1: 269–321.

Latreille P A. 1796. *Prècis des caractères génériques des insects, disposés dans un ordre natural*. Paris, 179 pp.

Latreille P A. 1802. *Histoire naturelle, générale et particulière, des crustacés et des insectes. Tome troisième. Familles naturelles des genres. Ouvrage faisant suite à l' histoire naturelle générale et particulière, composée par Leclerc de Buffon, et rédigée par C. S. Sonnini, membre de plusieurs sociétés savantes.* Dufart, Paris: xii+13–467+1 p.

Latreille P A. 1809. *Genera crustaceorum et insectorum secundum ordinem naturalem in fa-*

中国剑虻科、窗虻科和小头虻科志

milias disposita, iconibus exemplisque plurimis explicate. Vol. 4. Parisiis et Argentorat: 399 pp.

Liu S P, Gaimari S D and Yang D. 2012. Species of *Ammothereva* Lyneborg, 1984 (Diptera: Therevidae: Therevinae: Cyclotelini) from China. *Zootaxa*, 3566: 1–13.

Liu S P, Li Y and Yang D. 2012. One new species of *Bugulaverpa* Gaimari & Irwin (Diptera: Therevidae: Therevinae: Cyclotelini) from China. *Entomotaxonomia*, 34(3): 551–555.

Liu S P & Yang D. 2012a. Two new species of *Hoplosathe* Lyneborg & Zaitzev, 1980 (Diptera: Therevidae: Therevinae) in China. *Entomotaxonomia*, 34(2): 313–319.

Liu S P & Yang D. 2012b. Revision of the Chinese species of *Dialineura* Rondani, 1856 (Diptera, Therevidae, Therevinae). *Zookeys*, 235: 1–22.

Loew H. 1844. Beschreibung einiger neuen Gattungen der europäischen Diptern fauna [part]. *Stettiner Entomologische Zeitung*, 5: 154–173.

Lyneborg L. 1968. On the genus *Dialineura* Rondani, 1856 (Diptera, Therevidae). *Entomologisk Tidskrift*, 89: 147–172.

Lyneborg L. 1975. *In*: Delfinado M D and Hardy D E (eds). *A catalog of the Diptera of the Oriental region*, 2: 91–93. Honolulu: The University Press of Hawaii.

Lyneborg L. 1976. A revision of the therevine stiletto–flies (Diptera: Therevidae) of the Ethiopean region. *Bulletin of the British Museum (Natural History)*, 33(3): 191–346.

Lyneborg L. 1980. 24. Family Therevidae. *In*: Crosskey R W. *Catalogue of the Diptera of the Afrotropical Region*. London: British Museum (Natural History): 314–320.

Lyneborg L. 1986. The genus *Acrosathe* Irwin & Lyneborg, 1981 in the Old World (Insecta, Diptera, Therevidae). *Steenstrupia*, 12(6): 101–113.

Lyneborg L. 1989. Family Therevidae. *In*: Soós A and Papp L. (eds). *Catalogue of Palaearctic Diptera*, 6: 11–35. Akadémiai Kiadó and Elsevier Science Publishers.

Lyneborg L. 1992. Therevidae (Insecta: Diptera). *Fauna of New Zealand*, 24: 1–135.

Lyneborg L and Zaitzev V F. 1980. *Hoplosathe*, a new genus of Palaearctic Therevidae (Diptera), with descriptions of six new species. *Entomologica Scandinavica*, 11(1): 81–93.

Meigen J W. 1800. *Nouvelle classification des mouches a deux ailes, (Diptera L.), d' après un plan tout nouveau.* J. J. Fuchs, Paris: 1–40.

Meigen J W. 1803. Versuch einer neuen Gattungs Eintheilung der europäischen zweiflügligen Insekten. *Maga für Insektenkunde, herausgegeben von Karl Illiger*, 2: 259–281.

Meigen J W. 1804. *Klassifikazion und Beschreibung der europaischen zweiflugeligen Insekten (Diptera Linn.)*. Erster Band. Abt. I. xxviii+pp. 1–152, Abt. II. VI+pp. 153–314. Reichard, Braunschweig [= Brunswick].

Metz M A, Webb D W and Irwin M E. 2003. A review of the genus *Psilocephala* Zetterstedt (Diptera: Therevidae) with the description of four new genera. *Studia Dipterologica*, 10(1): 227–266.

Motschulsky V. 1866. Catalogue des insectes recus du Japon. *Bulletin de la Société Impériale des Naturalistes de Moscou*, 39: 163–200.

Nagatomi A, Liu N W and Yanagida K. 1994. Notes on the Proratinae (Diptera: Scenopinidae). *South Pacific Study*, 14(2): 137–222.

Nagatomi A and Lyneborg L. 1987a. A new genus and species of Therevidae from Japan (Diptera). *Kontyu*, 55(1): 116–122.

Nagatomi A and Lyneborg L. 1987b. Redescription of *Irwiniella sauteri* from Taiwan and the Ryukyu (Diptera, Therevidae). *Memoirs Kagoshima University Research Center for the South Pacific*, 8(1): 12–20.

Narshuk E P. 1975. On the fauna of Acroceridae (Diptera) of the Mongolian People's Republic. *Nasekomye Mongolii*, 6(3): 511–519.

Nartshuk E P. 1982. A review of acrocerid flies (Diptera, Acroceridae) of the USSR with descriptions of a new genus and some new species. *Entomologicheskoe Obozrenie*, 61 (2): 404–417.

Nartshuk E P. 1982. New records of Acroceridae (Diptera) from the Mongolian People's Republic. *Nasekomye Mongolii*, 8: 417–421.

Nartshuk E P. 1988. Family Acroceridae. *In*: Soos A and Papp L. *Catalogue of Palaearctic Diptera*, 5: 186–196. Akadémiai Kiadó and Elsevier Science Publishers.

Nartshuk E P. 1996. A new fossil acrocerid fly from the Jurassic beds of Kazakhstan (Diptera: Acroceridae). *Zoosystematica Rossica*, 4(2): 313–315.

Nartshuk E P. 1997. Family Acroceridae. *In*: Papp L and Darvas B. *Contributions to a manual of Palaearctic Diptera. Volume 2: Nematocera and lower Brachycera*. Budapest: Science Herald. 469–485.

Nartshuk E P. 1999. On synonymy of *Acrocera* Meigen and *Paracrocera* Mik (Diptera: Acroceridae). *Zoosystematica Rossica*, 8(2): 300.

Nartshuk E P. 2004. Records of *Ogcodes shirakii* Schlinger from the Far East of Russia (Diptera: Acroceridae). *Zoosystematica Rossica*, 12(2): 262.

Ôuchi Y. 1938a. Diptera Sinica. Cyrtidae (Acroceridae) I. On some cyrtid flies from Eastern China and a new species from Formosa. *The Journal of the Shanghai Science Institute* (3)4: 33–36.

Ôuchi Y. 1938b. Diptera Sinica. Muscidae, Cyrtidae, Stratiomyiidae. *The Journal of the Shanghai Science Institute* (3)4: 1–14.

Ôuchi Y. 1939. On two new tangle-winged flies from the both parts of Eastern China and Amami-Oshima, Japan. *The Journal of the Shanghai Science Institute* (3)4: 239–243.

Ôuchi Y. 1942. Notes on some cyrtid flies from China and Japan (Diptera sinica, Cyrtidae II). *The Journal of the Shanghai Science Institute* (N. S.) (2)2: 29–38.

Ôuchi Y. 1943. Diptera Sinica. Therevidae 1. On three new stilleto flies from East China. *Shanghai Sizenkagu Kenkyūsyo Ihō*, 13: 477-482.

Paramonov S J. 1955a. A review of Australian Scenopinidae (Diptera). *Australian Journal of Zoology*, 3: 634-653.

Paramonov S J. 1955b. New Zealand Cyrtidae (Diptera) and the problem of the Pacific Island fauna. *Pacific Science*, 9: 16-25.

Paramonov S. J. 1957. A review of Australian Acroceridae (Diptera). *Australian Journal of Zoology*, 5: 521-546.

Pleske T. 1930. Revue des especes palearctiques de la famille des Cyrtidae (Diptera). *Konowia*, 9: 156-173.

Schlinger E I. 1972a. Description of six new species of *Ogcodes* from Borneo, Java, New Guinea, Taiwan and the Philippines (Diptera; Acroceridae). *Pacific Insects*, 14(1): 93-100.

Schlinger E I. 1972b. New East Asian and American genera of the "*Cyrtus - opsebius*" branch of the Acroceridae (Diptera). *Pacific Insects*, 14(2): 409-428.

Schlinger E I. 1975. Family Acroceridae. *In*: Delfinado M D and Hardy D E (eds). *A catalog of the Diptera of the Oriental region*, 2: 160-164. Honolulu: The University Press of Hawaii.

Schlinger E I. 1980. 30. Family Acroceridae. *In*: Crosskey R W. *Catalogue of the Diptera of the Afrotropical Region*. London: British Museum (Natural History): 377-380.

Schlinger E I & Jefferies M G. 1989. 41. Family Acroceridae. *In*: Evenhuis N L. *Catalog of the Diptera of the Australasian and Oceanian Regions*. Honolulu: Bishop Museum Press and E. J. Brill: 375-377.

Séguy E. 1935. Etude sur quelques Dipteres nouveaux de la Chine orientale. *Notes d'Entomologie Chinoise*, 2: 175-184.

Séguy E. 1948. Diptères nouveaux ou peu connu d' Extreme-Orient. *Notes d' Entomologie Chinoise*, 12: 153-172.

Séguy E. 1956. Dipteres nouveaux ou peu connus d' Extreme-Orient. *Revue francaise d' Entomologie*, 23: 174-178.

Senior-White R A. 1922. New Ceylon Diptera. *Spolia Zeylanica*, 13: 193-283.

Wang N, Liu S P and Yang D. 2013. One new species of *Actorthia* Kröber (Diptera: Therevidae) from China. *Acta Zootaxonomica Sinica*, 38(4): 878-880.

Winterton S L, Yang L, Wiegmann B M and Yeates D K. 2001. Phylogenetic revision of the Agapophytinae subf. n. (Diptera: Therevidae) based on molecular and morphological evidence. *Systematic Entomology*, 26: 173-211.

Yang D. 1999. One new species of *Dialineura* from Henan (Diptera: Therevidae). *Fauna and Taxonomy of Insects in Henan*, 4: 186-188.

Yang D. 2002. Diptera: Therevidae, Dolichopodidae. In: Huang F S (ed). *Forest Insects of Hainan*: 741–749. Science Press, Beijing. [杨定. 2002. 双翅目：剑虻科 长足虻科. 见：黄复生 主编. 海南森林昆虫：741–749. 北京：科学出版社.]

Yang D, Zhang L L and An S W. 2003. Two new species of Therevidae from China (Diptera, Brachycera). *Acta Zootaxonomica Sinica*, 28(3)：546–548.

Yeates D K. 1992. Towards a monophyletic Bombyliidae (Diptera)：the removal of the Proratinae (Diptera: Scenopinidae). *American Museum Novitates*, 3051：1–30.

Zaitzev V F. 1971. Revision of Palaearctic species of the genus *Dialineura* Rondani (Diptera, Therevidae). *Entomologicheskoe Obozrenie*, 50(1)：183–199.

Zaitzev V F. 1974. On the fauna of Therevidae (Diptera) of Mongolia. *Nasekomye Mongolii*, 4(2)：310–319.

Zaitzev V F. 1979. Revision of the genus *Euphycus* Kröber (Diptera, Therevidae). *Trudy Zoologicheskogo Instituta*, 83：126–132.

英文摘要
English Summary

The present work deals with Therevidae, Scenopidae and Acroceridae fauna from China. It consists of two sections, general section and taxonomic section. In the general section, the historic review of classification, morphology and biology of these flies are introduced. In the taxonomic section, 23 genera and 79 species of three families from China are described or redescribed. 23 species are described as new to science, including 10 new species from Therevidae, 7 from Sceonopidae and 6 from Acroceridae. Keys to subfamilies, genera and species from China are given.

Therevidae

14 genera and 46 species of the family Therevidae from China arereporterd here. 10 species are described as new to science.

1. *Cliorismia zhoui* sp. nov.   (Fig. 22; Plate 15)

Holotype ♂, Sichuan, Emei Mountain, 1975. Ⅷ, Zhou Io & Lu Zheng (CAU).
This species is easily separated from *Cliorismia sinensis* (Ôuchi) by the femora dark brown.

2. *Irwiniella xiaolongmenensis* sp. nov.   (Fig. 39; Plate 31)

Holotype ♂, Beijing, Mentougou, Xiaolongmen, 2005. Ⅶ. 5, Dong Hui (CAU). Paratype: 1 ♂, Beijing, Mentougou, Xiaolongmen, 2005. Ⅶ. 13, Zhang Kuiyan (CAU).
This species is easily separated from other known species of the genus by the mesonotum with two yellowish longitudinal bands.

3. *Phycus niger* sp. nov.   (Plate 6)

Holotype ♀, Hunan, Chaling, Yunjing Mountain, 1957. Ⅴ. 14, Zhu Zengxi (IZCAS).
Paratype: 1 ♀, Shaanxi, Ganquan, 1971. Ⅷ. 10, Yang Jikun (CAU).
This species is somewhat similar to *Phycus atripes* Brunetti, but may be separated from the latter by the frons densely pale gray pollinose and upper frons with a black spot at middle.

4. *Psilocephala menglongensis* sp. nov. (Plate 32)

Holotype ♂, Yunnan, Xishuangbanna, Menglong, Mengsong (1 600 m), 1958. Ⅳ. 22, Hong Chunpei (IZCAS). Paratype: 1 ♂, same as holotype.

This species may be separated from *Psilocephala wusuensis* sp. nov. by the mid and hind tibiae brownish yellow.

5. *Psilocephala protuberans* sp. nov. (Plate 33)

Holotype ♂, Xinjiang, Heqing (2 600 m), 1958. Ⅶ. 28, Li Changguang (IZCAS). Paratypes: 1 ♂, Xinjian, Xinyuan (850–1 200 m), 1957. Ⅷ. 23, Wang Guang (IZCAS); 1 ♂, Xinjiang, Baluntai (2 350 m), 1960. Ⅴ. 27, Wang Suyong (IZCAS); 1 ♂, Xinjiang, Kuerle, 1991. Ⅶ. 8, He Junhua (IZCAS).

This species is easily separated from other known species of the genus by the frons strongly projected forward.

6. *Psilocephala wusuensis* sp. nov. (Plate 34)

Holotype ♂, Xinjiang, Wusu (420–460 m), 1957. Ⅵ. 25, Hong Chunpei (IZCAS). Paratypes: 1 ♀, Xinjiang, Wusu (280 m), 1957. Ⅵ. 21, Wang Guang (IZCAS); 2 ♀ ♀, Xinjiang, Wusu (420–460 m), 1957. Ⅵ. 25, Hong Chunpei (IZCAS).

This species may be separated from *Psilocephala menglongensis* sp. nov. by the tibiae and tarsi brown.

7. *Salentia meridionalis* sp. nov. (Fig. 10; Plate 7)

Holotype ♂, Hainan, 1934. Ⅳ. 16 (CAU). Paratype: 1 ♂, Hainan, Sanya, Yungen (200 m), 1960. Ⅴ. 7, Li Changqing (IZCAS).

This species is easily identified by the body densely pollinose and ventral process of the phallus furcated.

8. *Thereva lanzhouensis* sp. nov. (Fig. 41; Plate 36)

Holotype ♂, Gansu, Lanzhou (CAU). Paratypes: 1 ♂, Gansu, Lanzhou, Baita, 1985. Ⅵ. 10 (CAU); 1 ♂, Xinjiang, Yining, 2005. Ⅶ. 22, Luo Zhaohui (CAU).

This species is similar to *Thereva flavicauda* Coquillett in the yellow body, but can be separated from the latter by the difference of male genitalia.

9. *Thereva polychaeta* sp. nov. (Fig. 42; Plate 38)

Holotype ♂, Ningxia, Liupan Mountain (2 300 m), 1980. Ⅶ. 15, Li Fasheng (CAU).

This species is easily separated from other known species of the genus by the strong body densely haired.

10. *Thereva splendida* sp. nov.　(Fig. 43; Plate 39)

Holotype ♂, Gansu, Yuzhong, Xinglong Mountain, 2007. Ⅷ. 20, Huo Shan (CAU). Paratypes: 1 ♂, Ningxia, Yinchuan, Helan Mountain(2 000 m), 2007. Ⅶ. 3, Yaogang (CAU); 4 ♀♀, Neimenggu, Alashan, Helan Mountain(2 000 m), 2007. Ⅶ. 7 – 8, Dong Qibiao & Yao Gang (CAU); 1 ♀, Neimenggu, Alashan, Helan Mountain (2 300 m), 2007. Ⅶ. 10, Yao Gang (CAU); 2 ♀♀, Gansu, Yuzhong, Xinglong Mountain, 2007. Ⅷ. 21, Huo Shan (CAU).

This species is easily separated from other known species of the genus by the dorsal process of the phallus projected at the anterior margin.

Scenopinidae

One genus and 11 species of the family Scenopidae from China arereported here. 7 species are described as new to science.

1. *Scenopinus bilobatus* sp. nov.　(Fig. 46; Plate 41 c–d)

Holotype ♂, Xinjiang, Luzhu, Xianquan, 2010. Ⅴ. 14, Luo Zhaohui (XIEGCAS).
This species is similar to *S. lucidus* Becker, but can be separated from the latter by the cercus short and gonostylus bilobate.

2. *Scenopinus beijingensis* sp. nov.　(Figs. 54; Plate 43)

Holotype ♂, Beijing, Haidian, Malianwa, 1958. Ⅵ. 9, Yang Jikun (CAU). Paratypes: 1 ♀, Beijing, Haidian, Malianwa, 1956. Ⅵ. 1, Yang Jikun (CAU); 1 ♂, Beijing, Haidian, Malianwa, 1957. Ⅵ. 5, Li Fashang (CAU); 1 ♀, Beijing, Haidian, Gongzhufen, 1957. Ⅵ. 11, Yang Jikun (CAU); 1 ♀, Beijing, Haidian, Malianwa, 1958. Ⅵ. 23, Yang Jikun (CAU); 1 ♀, Beijing, Haidian, Malianwa, 1958. Ⅵ. 27, Yang Jikun (CAU); 1 ♀, Beijing, 1959. Ⅵ. 15, Yang Jikun (CAU); 1 ♀, Beijing, Huairou, Ertaizi, 1977. Ⅴ. 13, Yang Jikun (CAU); 1 ♀, Beijing, Haidian, Malianwa, 1976. Ⅵ. 20, Yang Jikun (CAU); 3 ♀♀, Beijing, Jinshan, 1986. Ⅵ. 3, Wang Xiangxian (CAU).

This species is similar to *S. alalacteus* Kelsey, but may be separated from the latter by the wing brown and female cercus narrow.

3. *Scenopinus latus* sp. nov.　(Fig. 47; Plate 42 a–b)

Holotype ♀, Yunnan, Kunming, 1943. Ⅴ. 17 (CAU). Paratype: 1 ♀, Yunnan, Chenggong, 1940. Ⅵ. 13 (CAU).

This species can be easily identified by the body yellow pollinose with yellow hairs and cercus large and broad.

4. *Scenopinus tenuibus* sp. nov.　(Fig. 49)

Holotype ♀ , Neimenggu, Dongsheng, 2006. Ⅷ. 7, Sheng Maoling (CAU). Paratype: 1 ♀ , same as holotype (CAU).

This species is easily separated from other known species of the genus by the body brown and cercus slender.

5. *Scenopinus tibetensis* sp. nov.　(Fig. 50; Plate 42 c)

Holotype ♀ , Tibet, Bomi, Jieda (3 050 m) , 1978. Ⅶ. 14, Li Fasheng (CAU).

This species is easily separated from other known species of the genus by the large-sized body and triangular cercus.

6. *Scenopinus trapeziformis* sp. nov.　(Fig. 51; Plate 42 d)

Holotype ♂ , Qinghai, Xining, Taersi, 1950. Ⅶ. 22, Lu Baoling & Yang Jikun (CAU).

This species is similar to *S. bulbapennis* Kelsey, but can be separated from the latter by the phallus trapezoid apically.

7. *Scenopinus zhangyensis* sp. nov.　(Fig. 52)

Holotype ♂ , Gansu, Zhangye, Forest Garden (1 530 m) , 2011. Ⅶ. 5, Liu Sipei (CAU). Paratypes: 8 ♂ ♂ , 18 ♀ ♀ , Gansu, Zhangye, Forest Garden (1530 m) , 2011. Ⅶ. 5, Zhu Yajun, Liu Sipei & Zhang Xiao (CAU).

This species is easily separated from other known species of the genus by the shape of the epandrium.

Acroceridae

8 genera and 22 species of the family Acroceridae from China arereported here. 6 species are described as new to science.

1. *Acrocera parva* sp. nov.　(Fig. 58)

Holotype ♂ , Shaanxi, Ganquan, 1971. Ⅵ. 15, Yang Jikun (CAU).

This species is somewhat similar to *A. wulingensis* sp. nov., but may be separated from the latter by the small-sized body and rather broad epandrium.

2. *Acrocera tenuistylus* sp. nov.　(Fig. 59)

Holotype ♂ , Guangxi, Jinxiu, Sanjiaojia, 1981. Ⅸ. 8 (CAU).

This species can be easily separated from other known species of the genus by the brown wing.

3. *Acrocera wulingensis* sp. nov.　(Fig. 60)

Holotype ♂, Hebei, Xinglong, Wuling Mountain, 1973. Ⅷ. 21, Yang Jikun (CAU).

This species is somewhat similar to *A. parva* sp. nov., but may be separated from the latter by the large-sized body and rather narrow epandrium.

4. *Cyrtus brunneus* sp. nov.　(Fig. 61)

Holotype ♀, Guangxi, Wuming, Damingshan, 1963. Ⅴ. 22, Yang Jikun (CAU).

This species is easily distinguished from other known species by the brown wing.

5. *Ogcodes lataphallus* sp. nov.　(Fig. 64)

Holotype ♂, Beijing, Haidian, Xiangshan, 1990. Ⅵ. 3, Zhang Weiwei (CAU). Paratype: 1 ♂, same data as holotype.

This species is somewhat similar to *Ogcodes obusensis* Ôuchi, but may be separated from the latter by the femora and tibiae with basal half brown and apical half yellow.

6. *Ogcodes triprocessus* sp. nov.　(Fig. 67)

Holotype ♂, Yunnan, Gongshan, Dulongjiang, 2007. Ⅴ. 23, Liu Xingyue (CAU).

This species is somewhat similar to *Ogcodes obusensis* Ôuchi, but may be separated from the latter by the mesonotum with the yellow postero-lateral margin.

中名索引

A

安尼寡小头虻　116
澳小头虻属　129

B

白毛裸颜剑虻　36
白缘准小头虻　135
斑翅剑虻属　70
北京窗虻　112
北塔小头虻　122
贝氏长角剑虻　66
薄氏长角剑虻　68

C

茶色脊小头虻　126
长粗柄剑虻　55
长角剑虻属　66
长毛欧文剑虻　79
窗虻科　99
窗虻属　99
粗柄剑虻属　52

D

独毛裸颜剑虻　38
镀金粗柄剑虻　55
短沙剑虻　39
多鬃剑虻　94
多鬃欧文剑虻　81

F

肥腹小头虻属　126

G

高砂寡小头虻　119
高氏粗柄剑虻　58
寡小头虻属　115
关岭窗虻　106
光泽窗虻　111
过时裸颜剑虻　35

H

海南突颊剑虻　46
河南粗柄剑虻　60
黑股粗柄剑虻　64
黑蒲寡小头虻　118
黑色花彩剑虻　27
厚胫剑虻属　22
花彩剑虻亚科　21
花彩剑虻属　26
环剑虻属　89
环裸颜剑虻　32
黄足沙剑虻　42

J

脊小头虻属　125
剑虻科　21
剑虻亚科　30
剑虻属　90
江苏澳小头虻　132

橘色剑虻　91

K

康巴小头虻　121
科氏斑翅剑虻　71
科氏厚胫剑虻　22
克氏花彩剑虻　27
宽窗虻　105
宽额欧文剑虻　80
宽茎澳小头虻　129

L

缆车小头虻　121
丽肥腹小头虻　127
亮丽剑虻属　86
岭南塞伦剑虻　28
裸额沙剑虻　44
裸颜剑虻属　31

M

满洲里剑虻　94
勐龙亮丽剑虻　86
明亮剑虻　96

O

欧文剑虻属　76

P

帕小头虻亚科　136
平滑厚胫剑虻　24
普小头虻属　136

Q

墙寡小头虻　116

R

日澳小头虻　130
日小头虻属　128

S

塞伦剑虻属　28
三突澳小头虻　133
三足花彩剑虻　26
沙剑虻属　39
邵氏欧文剑虻　83
盛氏斑翅剑虻　73
双叶窗虻　104
绥芬剑虻　98

T

台湾澳小头虻　132
台湾日小头虻　128
梯形窗虻　109
突颊剑虻属　46
突亮丽剑虻　87
吐鲁番斑翅剑虻　75
驼小头虻亚科　115

W

瓦普小头虻　136
乌苏亮丽剑虻　88
污小头虻　123
雾灵山小头虻　124

X

西藏窗虻　108
溪口粗柄剑虻　63
细长窗虻　107
细突小头虻　123
小窗虻　101
小龙门欧文剑虻　84
小头虻科　115
小头虻亚科　120
小头虻属　120
小型小头虻　122

Y

银裸颜剑虻　34

幽暗欧文剑虻　81

于潜寡小头虻　119

缘粗柄剑虻　53

Z

窄颜剑虻属　48

张掖窗虻　110

中带欧文剑虻　77

中华窗虻　102

中华环剑虻　89

中华窄颜剑虻　48

周氏窄颜剑虻　51

准小头虻属　135

学名索引

A

Acrocera　120
Acroceridae　115
Acrocerinae　120
Acrosathe　31
Actorthia　22
aenea，*Oligoneura*　116
affinis，*Dialineura*　53
albofimbriatus，*Paracyrtus*　135
Ammothereva　39
annulata，*Acrosathe*　32
argentea，*Acrosathe*　34
atripes，*Phycus*　26
aurantiaca，*Thereva*　91
aurata，*Dialineura*　55

B

beijingensis，*Scenopinus*　112
beybienkoi，*Euphycus*　66
bilobatus，*Scenopinus*　104
bocki，*Euphycus*　68
brevis，*Ammothereva*　39
brunneus，*Cyrtus*　126
Bugulaverpa　46

C

centralis，*Irwiniella*　77
Cliorismia　48
Cyrtus　125

D

Dialineura　52

E

elongata，*Dialineura*　55
Euphycus　66

F

flavifemorata，*Ammothereva*　42
formosanus，*Hadrogaster*　126

G

gorodkovi，*Dialineura*　58

H

Hadrogaster　126
hainanensis，*Bugulaverpa*　46
henanensis，*Dialineura*　60
Hoplosathe　70

I

Irwiniella　76

K

kerteszi，*Phycus*　27
khamensis，*Acrocera*　121
kikowensis，*Dialineura*　63
kozlovi，*Actorthia*　22
kozlovi，*Hoplosathe*　71
kroeberi，*Irwiniella*　80

L

lataphallus, *Ogcodes*　129
latus, *Scenopinus*　105
longipilosa, *Irwiniella*　79

M

manchoulensis, *Thereva*　94
menglongensis, *Psilocephala*　86
meridionalis, *Salentia*　28
microgaster, *Scenopinus*　101
murina, *Oligoneura*　116

N

niger, *Phycus*　27
nigroaenea, *Oligoneura*　118
nigrofemorata, *Dialineura*　64
Nipponcyrtus　128
nitidulus, *Scenopinus*　111
nuda, *Ammothereva*　44

O

obscura, *Irwiniella*　81
obsoleta, *Acrosathe*　35
obusensis, *Ogcodes*　130
Ogcodes　129
Oligoneura　115
orbicula, *Acrocera*　121

P

paitana, *Acrocera*　122
pallipilosa, *Acrosathe*　36
Panopinae　136
papuanus, *Scenopinus*　106
Paracyrtus　135
parva, *Acrocera*　122
Philopatinae　115
Phycinae　21

Phycus　26
plana, *Actorthia*　24
polychaeta, *Irwiniella*　81
polychaeta, *Thereva*　94
Procyclotelus　89
protuberans, *Psilocephala*　87
Psilocephala　86
Pterodontia　136

R

respectus, *Ogcodes*　132

S

Salentia　28
sauteri, *Irwiniella*　83
Scenopinidae　99
Scenopinus　99
shengi, *Hoplosathe*　73
sinensis, *Cliorismia*　48
sinensis, *Procyclotelus*　89
sinensis, *Scenopinus*　102
singularis, *Acrosathe*　38
sordida, *Acrocera*　123
splendida, *Thereva*　96
suifenensis, *Thereva*　98

T

taiwanensis, *Nipponcyrtus*　128
taiwanensis, *Ogcodes*　132
takasagoensis, *Oligoneura*　119
tenuibus, *Scenopinus*　107
tenuistylus, *Acrocera*　123
Thereva　90
Therevidae　21
Therevinae　30
tibetensis, *Scenopinus*　108
trapeziformis, *Scenopinus*　109
triprocessus, *Ogcodes*　133

turpanensis, *Hoplosathe* 75

W

waxelli, *Pterodontia* 136
wulingensis, *Acrocera* 124
wusuensis, *Psilocephala* 88

X

xiaolongmenensis, *Irwiniella* 84

Y

yutsiensis, *Oligoneura* 119

Z

zhangyensis, *Scenopinus* 110
zhoui, *Cliorismia* 51

图　版

图版 1   剑虻科 Therevidae 生态照
图版 2   小头虻科 Acroceridae 生态照
图版 3   科氏斑翅剑虻 Hoplosathe kozlovi Lyneborg et Zaitzev
图版 4   科氏厚胫剑虻 Actorthia kozlovi Zaitzev
图版 5   平滑厚胫剑虻 Actorthia plana Liu，Wang et Yang
图版 6   黑色花彩剑虻 Phycus niger sp. nov.
图版 7   岭南塞伦剑虻 Salentia meridionalis sp. nov.
图版 8   环裸颜剑虻 Acrosathe annulata（Fabricius）
图版 9   白毛裸颜剑虻 Acrosathe pallipilosa Yang，Zhang et An
图版 10   独毛裸颜剑虻 Acrosathe singularis Yang
图版 11   沙剑虻属 Ammothereva Lyneborg 两种
图版 12   裸额沙剑虻 Ammothereva nuda Liu，Gaimari et Yang
图版 13   海南突颊剑虻 Bugulaverpa hainanensis Liu，Li et Yang
图版 14   中华窄颜剑虻 Cliorismia sinensis（Ôuchi）
图版 15   周氏窄颜剑虻 Cliorismia zhoui sp. nov.
图版 16   缘粗柄剑虻 Dialineura affinis Lyneborg
图版 17   镀金粗柄剑虻 Dialineura aurata Zaitzev
图版 18   长粗柄剑虻 Dialineura elongata Liu et Yang，2012（a–d ♂；e–h ♀）
图版 19   高氏粗柄剑虻 Dialineura gorodkovi Zaitzev
图版 20   河南粗柄剑虻 Dialineura henanensis Yang（a–d ♂；e–h ♀）
图版 21   溪口粗柄剑虻 Dialineura kikowensis Ôuchi
图版 22   黑股粗柄剑虻 Dialineura nigrofemorata Kröber
图版 23   贝氏长角剑虻 Euphycus beybienkoi Zaitzev
图版 24   薄氏长角剑虻 Euphycus bocki Kröber
图版 25   科氏斑翅剑虻 Hoplosathe kozlovi Lyneborg et Zaitzev
图版 26   盛氏斑翅剑虻 Hoplosathe shengi Liu et Yang
图版 27   吐鲁番斑翅剑虻 Hoplosathe turpanensis Liu et Yan
图版 28   中带欧文剑虻 Irwiniella centralis（Yang）
图版 29   长毛欧文剑虻 Irwiniella longipilosa（Yang）
图版 30   多鬃欧文剑虻 Irwiniella polychaeta（Yang）
图版 31   小龙门欧文剑虻 Irwiniella xiaolongmenensis sp. nov.
图版 32   勐龙亮丽剑虻 Psilocephala menglongensis sp. nov.
图版 33   突亮丽剑虻 Psilocephala protuberans sp. nov.
图版 34   乌苏亮丽剑虻 Psilocephala wusuensis sp. nov.
图版 35   橘色剑虻 Thereva aurantiaca Becker
图版 36   兰州剑虻 Thereva lanzhouensis sp. nov.
图版 37   满洲里剑虻 Thereva manchoulensis Ôuchi
图版 38   多鬃剑虻 Thereva polychaeta sp. nov.
图版 39   明亮剑虻 Thereva splendida sp. nov.
图版 40   绥芬剑虻 Thereva suifenensis Ôuchi
图版 41   窗虻属 Scenopinus 两种
图版 42   窗虻属 Scenopinus 三种
图版 43   北京窗虻 Scenopinus beijingensis sp. nov.
图版 44   墙寡小头虻 Oligoneura murina（Loew）
图版 45   于潜寡小头虻 Oligoneura yütsiensis（Ôuchi）
图版 46   康巴小头虻 Acrocera khamensis Pleske
图版 47   缆车小头虻 Acrocera orbicula（Fabricius）
图版 48   污小头虻 Acrocera sordida Pleske
图版 49   白缘准小头虻 Paracyrtus albofimbriatus（Hildebrandt）
图版 50   瓦普小头虻 Pterodontia waxelli（Klug）

a

b

c

d

图版 1　剑虻科 Therevidae 生态照

a. 河南粗柄剑虻 *Dialineura henanensis*（姚刚　摄）；

b，c. 剑虻属未定种 *Thereva* sp.（姚刚　摄）；

d. 剑虻属未定种 *Thereva* sp.（张巍巍　摄）。

a   b

c   d

e   f

图版 2 小头虻科 Acroceridae 生态照
a，b. 墙寡小头虻 *Oligoneura murina*（李轩昆　摄）；
c，d. 于潜寡小头虻 *Oligoneura yutsiensis*（李元胜　摄）；
e，f. 澳小头虻 *Ogcodes* sp.（张晨亮　摄）。

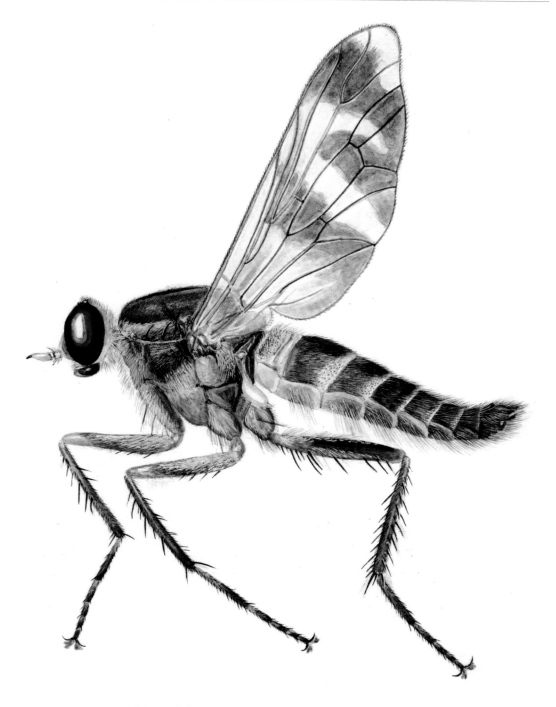

图版 3 科氏斑翅剑虻 *Hoplosathe kozlovi* Lyneborg et Zaitzev

图版 4　科氏厚胫剑虻 *Actorthia kozlovi* Zaitzev

　　a. 雌性体背视（female body，dorsal view）；

　　b. 雌性体侧视（female body，lateral view）；

　　c. 雌性体前视（female body，anterior view）。

图版 5 平滑厚胫剑虻 *Actorthia plana* Liu, Wang *et* Yang
a. 雌性体侧视（female body, lateral view）；
b. 雌性体背视（female body, dorsal view）。

a

b

图版 6 黑色花彩剑虻 *Phycus niger* sp. nov.

a. 雌性体侧视（female body，lateral view）；

b. 雌性体背视（female body，dorsal view）。

a

b

图版 7　岭南塞伦剑虻 *Salentia meridionalis* sp. nov.
　　a. 雄性体侧视（male body，lateral view）；
　　b. 雄性体背视（male body，dorsal view）。

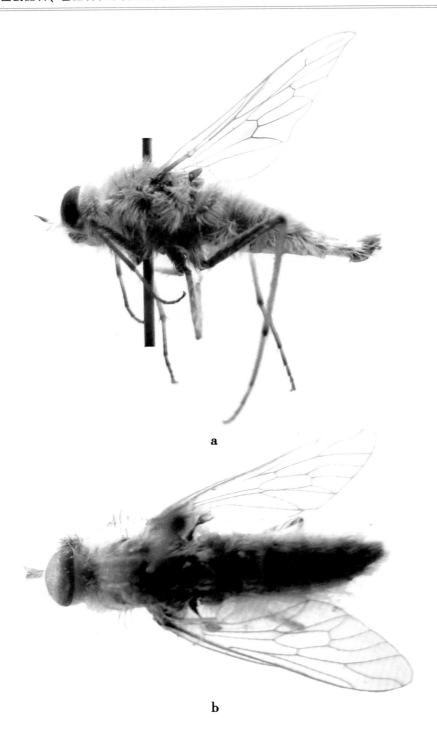

a

b

图版 8 环裸颜剑虻 *Acrosathe annulata*（Fabricius）
a. 雄性体侧视（male body, lateral view）；
b. 雄性体背视（male body, dorsal view）。

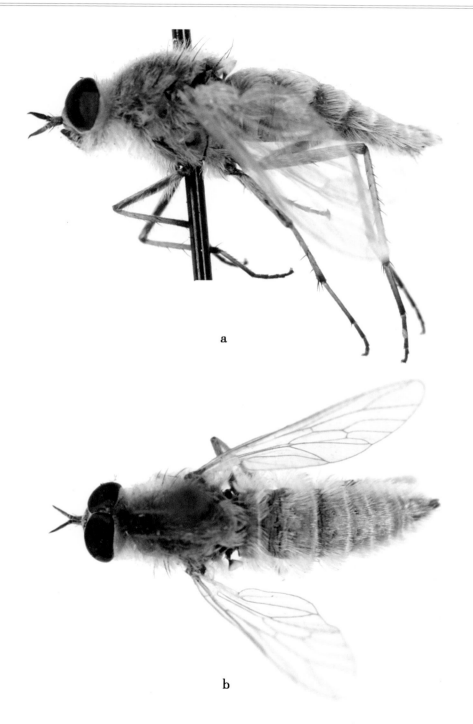

a

b

图版 9　白毛裸颜剑虻 *Acrosathe pallipilosa* Yang, Zhang *et* An
a. 雄性体侧视（male body, lateral view）；
b. 雄性体背视（male body, dorsal view）。

图版 10　独毛裸颜剑虻 *Acrosathe singularis* Yang
a. 雄性体侧视 (male body, lateral view)；
b. 雄性体背视 (male body, dorsal view)。

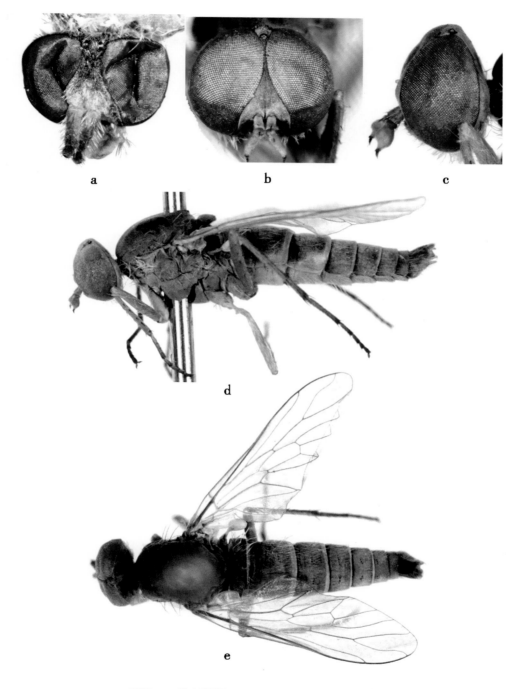

图版 11　沙剑虻属 *Ammothereva* Lyneborg 两种

a. 短沙剑虻 *Ammothereva brevis* Liu，Gaimari *et* Yang：雌性头前视（female head，anterior view）；

b-e. 黄足沙剑虻 *Ammothereva flavifemorata* Liu，Gaimari *et* Yang：

b. 雄性头前视（male head，anterior view）；c. 雄性头侧视（male head，lateral view）；

d. 雄性体侧视（male body，lateral view）；e. 雄性体背视（male body，dorsal view）。

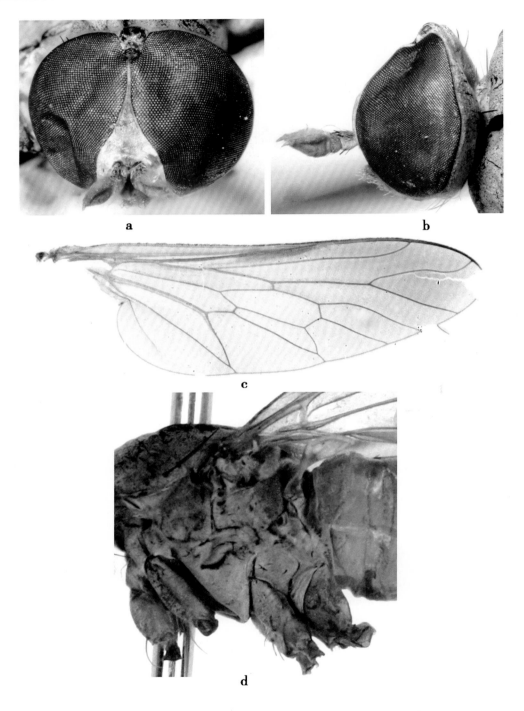

图版 12 裸额沙剑虻 *Ammothereva nuda* Liu, Gaimari *et* Yang

a. 雄性头前视（male head, anterior view）; b. 雄性头侧视（male head, lateral view）;

c. 翅（wing）; d. 雄性胸侧视（male thorax, lateral view）。

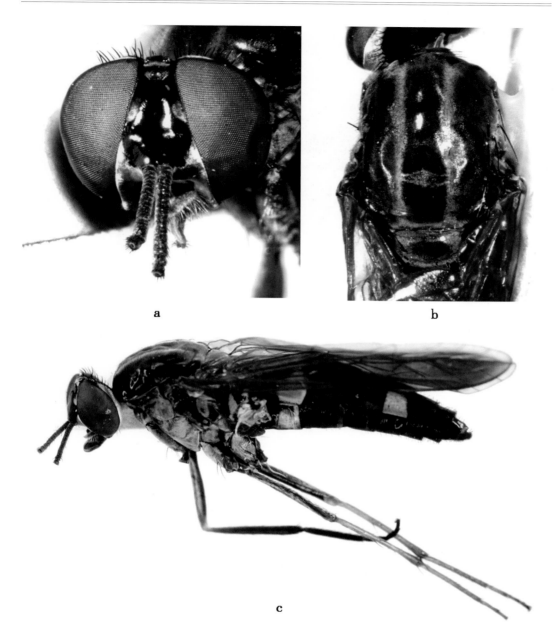

a

b

c

图版 13　海南突颊剑虻 *Bugulaverpa hainanensis* Liu, Li *et* Yang
a. 雌性头前视（female head，anterior view）；
b. 雌性胸背视（female thorax，dorsal view）；
c. 雌性体侧视（female body，lateral view）。

图版 14　中华窄颜剑虻 *Cliorismia sinensis*（Ôuchi）

a–c. 雄性体背视，侧视和前视（male, dorsal, lateral and anterior views）；

d–f. 雌性体背视，侧视和前视（female, dorsal, lateral and anterior views）。

a

b

图版 15　周氏窄颜剑虻 *Cliorismia zhoui* sp. nov.

　　a. 雄性体侧视（male body，lateral view）；

　　b. 雄性体背视（male body，dorsal view）。

a

b

图版 16　缘粗柄剑虻 *Dialineura affinis* Lyneborg
a. 雄性体侧视（male body，lateral view）；
b. 雄性体背视（male body，dorsal view）。

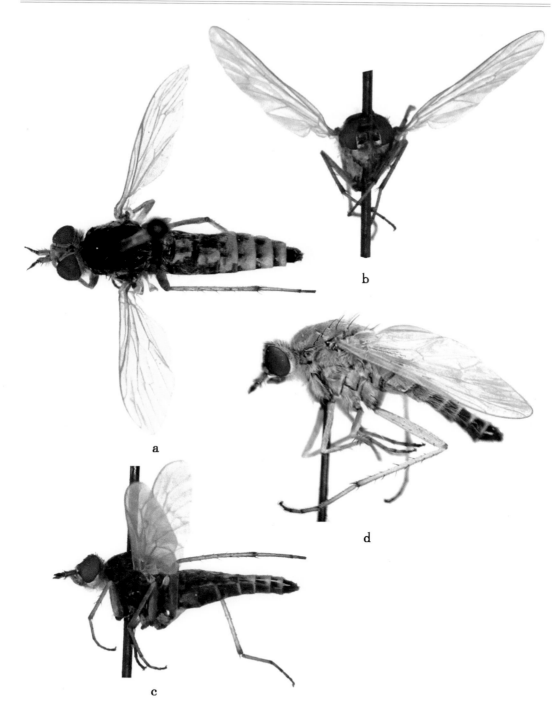

图版 17 镀金粗柄剑虻 *Dialineura aurata* Zaitzev

a. 雌性体背视（female body, dorsal view）; b. 雌性体前视（female body, anterior view）;
c. 雌性体侧视（female body, lateral view）; d. 雄性体侧视（male body, lateral view）。

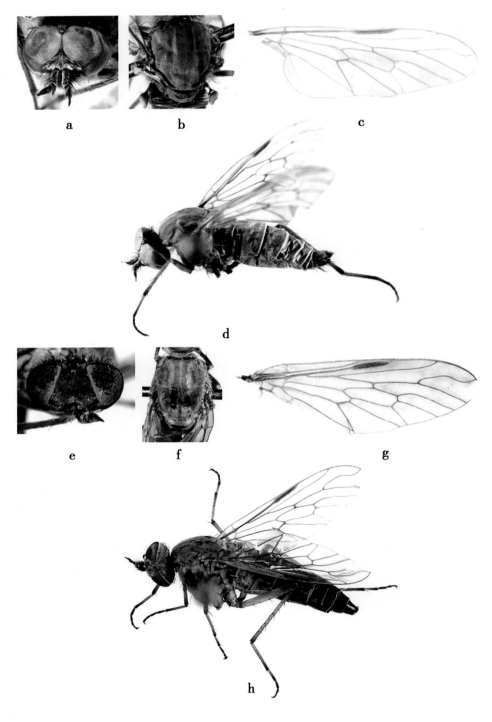

图版 18　长粗柄剑虻 *Dialineura elongata* Liu *et* Yang, 2012（a–d ♂；e–h ♀）
a, e. 头前视（head，anterior view）；b, f. 胸背视（thorax，dorsal view）；
c, g. 翅（wing）；d, h. 体侧视（body，lateral view）。

图版 19　高氏粗柄剑虻 *Dialineura gorodkovi* Zaitzev

a. 雄性体背视（male body, dorsal view）；b. 雄性体前视（male body, anterior view）；
c. 雄性体侧视（male body, lateral view）；d. 雌性体侧视（female body, lateral view）。

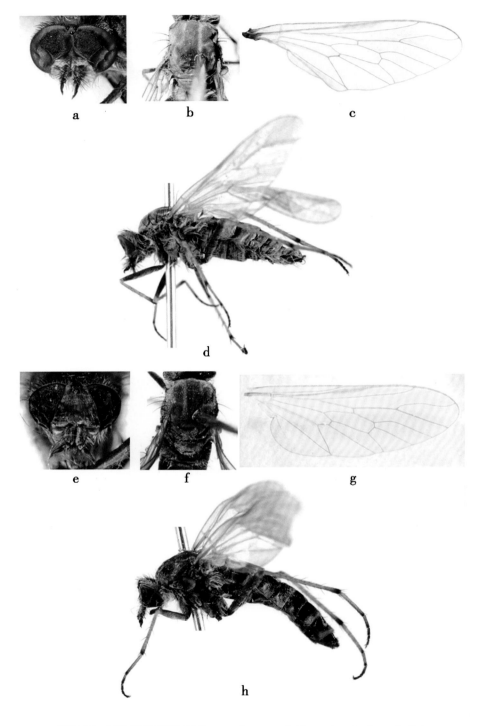

图版 20　河南粗柄剑虻 *Dialineura henanensis* Yang（a–d ♂; e–h ♀）
a，e. 头前视（head，anterior view）; b，f. 胸背视（thorax，dorsal view）;
c，g. 翅（wing）; d，h. 体侧视（body，lateral view）。

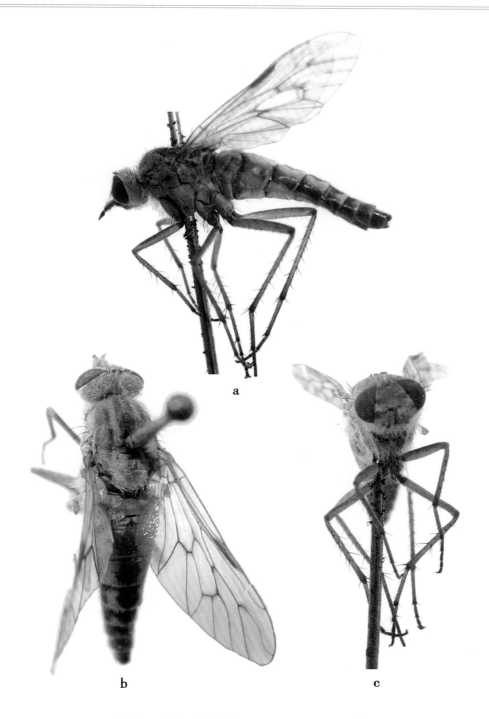

图版 21 溪口粗柄剑虻 *Dialineura kikowensis* Ôuchi
a. 雌性体侧视（female body，lateral view）；
b. 雌性体背视（female body，dorsal view）；
c. 雌性体前视（female body，anterior view）。

图版 22　黑股粗柄剑虻 *Dialineura nigrofemorata* Kröber

a. 雄性体背视（male body, dorsal view）；b. 雄性体前视（male body, anterior view）；
c. 雌性体前视（female body, anterior view）；d. 雌性体侧视（female body, lateral view）。

图版 23 贝氏长角剑虻 *Euphycus beybienkoi* Zaitzev

a. 雄性体侧视（male body，lateral view）；b. 雄性体背视（male body，dorsal view）；
c. 雌性体背视（female body，dorsal view）；d. 雌性体侧视（female body，lateral view）。

图版 24　薄氏长角剑虻 *Euphycus bocki* Kröber

a. 雄性体侧视（male body, lateral view）；b. 雄性体背视（male body, dorsal view）；

c. 雌性体侧视（female body, lateral view）；d. 雌性体背视（female body, dorsal view）。

a

b

c

图版 25　科氏斑翅剑虻 *Hoplosathe kozlovi* Lyneborg *et* Zaitzev
a. 雌性体背视（female body，dorsal view）；
b. 雌性体侧视（female body，lateral view）；
c. 雌性体前视（female body，anterior view）。

图版 26　盛氏斑翅剑虻 *Hoplosathe shengi* Liu *et* Yang

a. 雄性体侧视（male body，lateral view）；b. 雄性体背视（male body，dorsal view）；

c. 雌性体侧视（female body，lateral view）；d. 雌性体背视（female body，dorsal view）。

图版 27　吐鲁番斑翅剑虻 *Hoplosathe turpanensis* Liu *et* Yang
a. 雄性体侧视（male body, lateral view）;
b. 雄性体背视（male body, dorsal view）。

a

b

图版 28　中带欧文剑虻 *Irwiniella centralis*（Yang）

a. 雄性体侧视（male body, lateral view）；

b. 雄性体背视（male body, dorsal view）。

a

b

图版 29　长毛欧文剑虻 *Irwiniella longipilosa*（Yang）
a. 雄性体侧视（male body，lateral view）；
b. 雄性体背视（male body，dorsal view）。

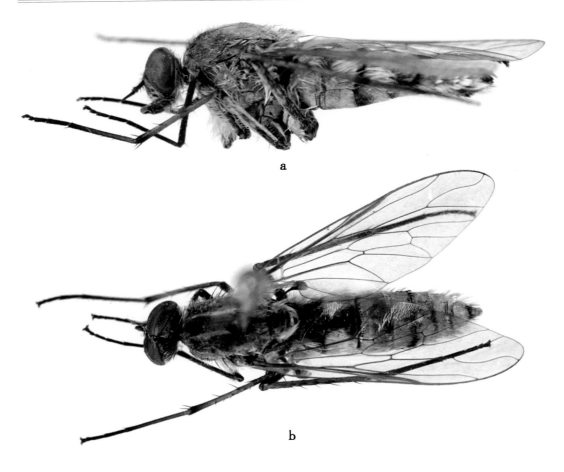

图版 30 多鬃欧文剑虻 *Irwiniella polychaeta*（Yang）

    a. 雄性体侧视（male body，lateral view）；

    b. 雄性体背视（male body，dorsal view）。

a

b

图版 31　小龙门欧文剑虻 *Irwiniella xiaolongmenensis* sp. nov.
　　a. 雄性体侧视（male body，lateral view）；
　　b. 雄性体背视（male body，dorsal view）。

a

b

图版 32　勐龙亮丽剑虻 *Psilocephala menglongensis* sp. nov.
　　a. 雄性体侧视（male body，lateral view）；
　　b. 雄性体背视（male body，dorsal view）。

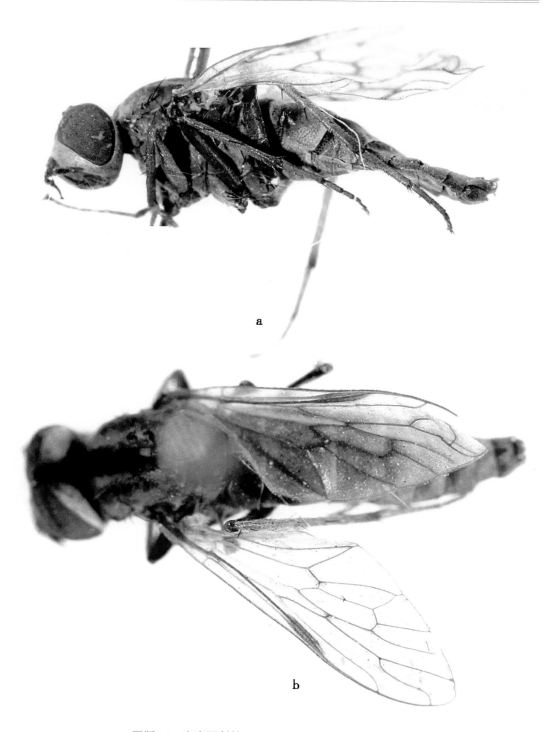

图版 33　突亮丽剑虻 *Psilocephala protuberans* sp. nov.

a. 雄性体侧视（male body，lateral view）；

b. 雄性体背视（male body，dorsal view）。

图版 34　乌苏亮丽剑虻 *Psilocephala wusuensis* sp. nov.
　　a. 雄性体侧视（male body, lateral view）；
　　b. 雄性体背视（male body, dorsal view）。

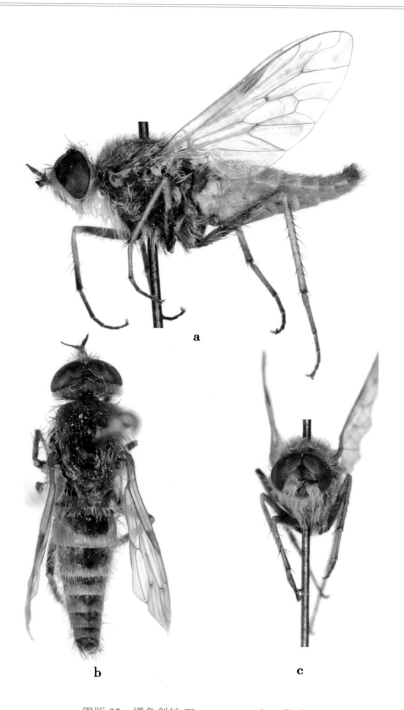

a

b   c

图版 35 橘色剑虻 *Thereva aurantiaca* Becker

a. 雄性体侧视（male body，lateral view）；

b. 雄性体背视（male body，dorsal view）；

c. 雄性体前视（male body，anterior view）。

a

b

图版 36　兰州剑虻 *Thereva lanzhouensis* sp. nov.
a. 雄性体侧视（male body，lateral view）；
b. 雄性体背视（male body，dorsal view）。

图版 37　满洲里剑虻 *Thereva manchoulensis* Ôuchi
a. 雄性体侧视（male body，lateral view）；
b. 雄性体背视（male body，dorsal view）；
c. 雄性体前视（male body，anterior view）。

a

b

图版 38　多鬃剑虻 *Thereva polychaeta* sp. nov.
a. 雄性体侧视（male body，lateral view）；
b. 雄性体背视（male body，dorsal view）。

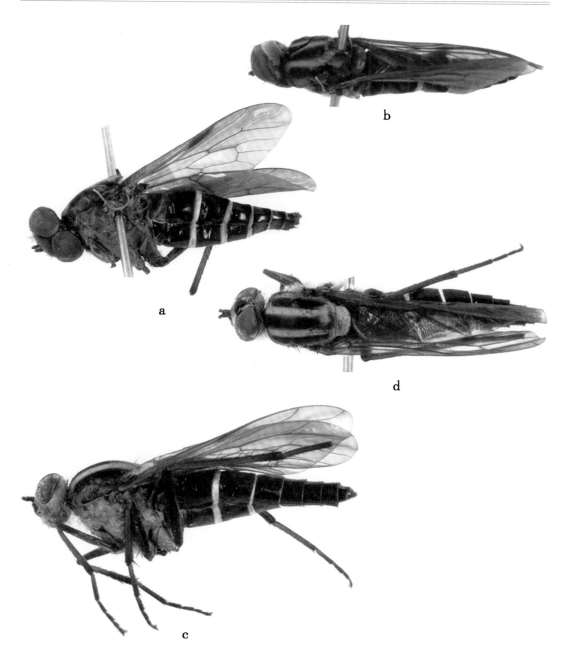

图版 39　明亮剑虻 *Thereva splendida* sp. nov.

a. 雄性体侧视（male body, lateral view）；b. 雄性体背视（male body, dorsal view）；
c. 雌性体侧视（female body, lateral view）；d. 雌性体背视（female body, dorsal view）。

a

b

c

图版 40　绥芬剑虻 *Thereva suifenensis* Ôuchi
a. 雌性体侧视（female body，lateral view）；b. 雌性体背视（female body，dorsal view）；
c. 雌性体前视（female body，anterior view）。

图版 41　窗虻属 *Scenopinus* 两种

a-b. **中华窗虻** *Scenopinus sinensis*（Kröber）

a. 雄性体背视（male body, dorsal view）；b. 雄性体侧视（male body, lateral view）；

c-d. **双叶窗虻** *Scenopinus bilobatus* sp. nov.

c. 雄性体背视（male body, dorsal view）；d. 雄性体侧视（male body, lateral view）。

图版 42　窗虻属 *Scenopinus* 三种

a-b. **宽窗虻** *Scenopinus latus* sp. nov. ：

a. 雌性体背视（female body，dorsal view）；b. 雌性体侧视（female body，lateral view）；

c. **西藏窗虻** *Scenopinus tibetensis* sp. nov. ：雌性体背视（female body，dorsal view）；

d. **梯形窗虻** *Scenopinus trapeziformis* sp. nov. ：雄性体背视（male body，dorsal view）。

图版 43 北京窗虻 *Scenopinus beijingensis* sp. nov.

a. 雄性体背视（male body，dorsal view）；

b. 雄性体侧视（male body，lateral view）。

图版 44　墙寡小头虻 *Oligoneura murina*（Loew）
　　　a. 雄性体侧视（male body，lateral view）；
　　　b. 雄性体背视（male body，dorsal view）；
　　　c. 雄性体前视（male body，anterior view）。

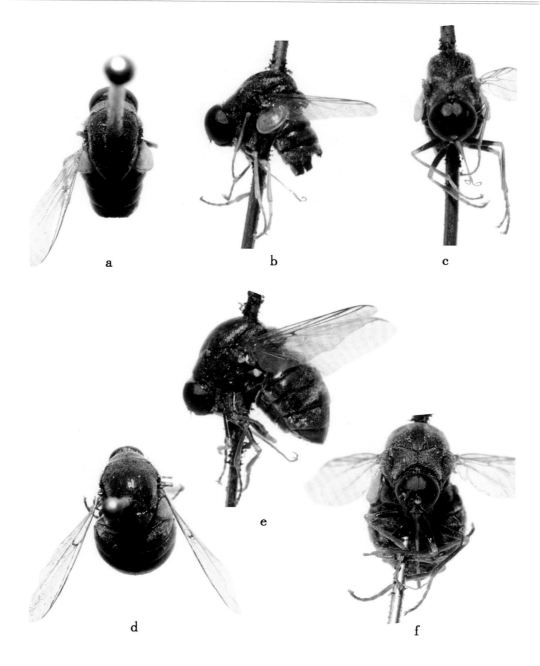

图版 45 于潜寡小头虻 *Oligoneura yütsiensis* (Ôuchi)

a-c. 雄性体背视、侧视和前视 (male, dorsal, lateral and anterior views);
d-f. 雌性体背视、侧视和前视 (female, dorsal, lateral and anterior views)。

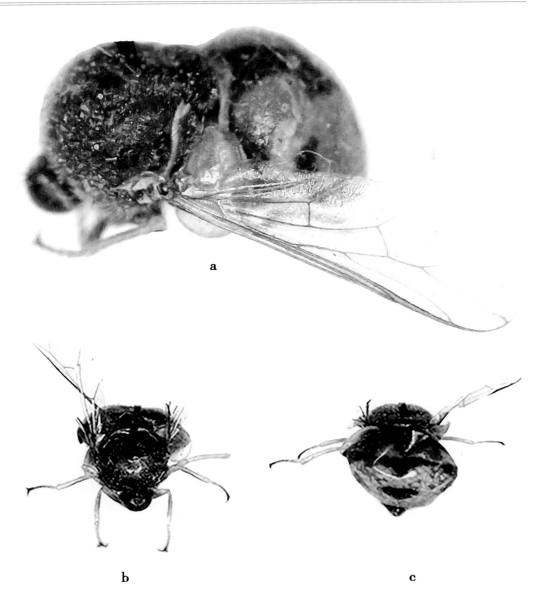

a

b   c

图版 46　康巴小头虻 *Acrocera khamensis* Pleske
　　a. 雄性体侧视（male body，lateral view）；
　　b. 雄性体前视（male body，anterior view）；
　　c. 雄性体后视（male body，caudal view）。

图版 47　缆车小头虻 *Acrocera orbicula*（Fabricius）

　　a. 雄性体侧视（male body，lateral view）；

　　b. 雄性体背视（male body，dorsal view）；

　　c. 雄性体前视（male body，anterior view）。

图版 48　污小头虻 *Acrocera sordida* Pleske
a. 雄性体侧视（male body, lateral view）；b. 雄性体背视（male body, dorsal view）；
c. 雄性体前视（male body, anterior view）；d. 雌性体侧视（female body, lateral view）。

a

b

图版 49　白缘准小头虻 *Paracyrtus albofimbriatus*（Hildebrandt）
　　　a. 雄性体侧视（male body, lateral view）；
　　　b. 雄性体背视（male body, dorsal view）。

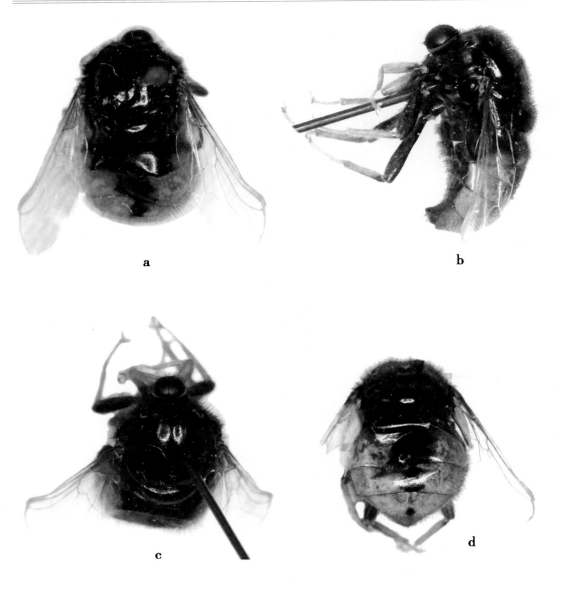

a

b

c

d

图版 50　瓦普小头虻 *Pterodontia waxelli*（Klug）

a. 雄性体背视（male body，dorsal view）；b. 雄性体侧视（male body，lateral view）；

c. 雄性体前视（male body，anterior view）；d. 雄性体后视（male body，caudal view）。